2017年
中国动力电池回收处理产业
现状与发展报告

资源强制回收产业技术创新战略联盟
中国科学院过程工程研究所　编著
中国环境科学研究院

人民出版社

科学技术文献出版社
SCIENTIFIC AND TECHNICAL DOCUMENTATION PRESS

图书在版编目（CIP）数据

2017年中国动力电池回收处理产业现状与发展报告 / 资源强制回收产业技术创新战略联盟，中国科学院过程工程研究所，中国环境科学研究院编著. —北京：科学技术文献出版社：人民出版社，2018.7（2019.1重印）

ISBN 978-7-5189-4623-5

Ⅰ.①2… Ⅱ.①资… ②中… ③中… Ⅲ.①电动汽车—蓄电池—回收处理—环保产业—产业发展—研究报告—中国—2017 Ⅳ.① X781.1

中国版本图书馆 CIP 数据核字（2018）第 150605 号

2017年中国动力电池回收处理产业现状与发展报告

策划编辑：孙江莉　责任编辑：刘　亭　段海宝　责任校对：文　浩　责任出版：张志平

出　版　者	科学技术文献出版社　人民出版社	
地　　　址	北京市复兴路15号　邮编　100038	
编　务　部	(010) 58882938，58882087（传真）	
发　行　部	(010) 58882868，58882870（传真）	
邮　购　部	(010) 58882873	
官方网址	www.stdp.com.cn	
发　行　者	科学技术文献出版社发行　全国各地新华书店经销	
印　刷　者	北京虎彩文化传播有限公司	
版　　　次	2018 年 7 月第 1 版　2019 年 1 月第 2 次印刷	
开　　　本	710×1000　1/16	
字　　　数	176千	
印　　　张	12.75	
书　　　号	ISBN 978-7-5189-4623-5	
定　　　价	48.00元	

《2017 年中国动力电池回收处理产业现状与发展报告》

编 委 会

前　言

　　党的十八大以来，国家高度重视新能源汽车产业发展，国务院发布的《节能与新能源汽车产业发展规划（2012—2020 年)》指出，到 2020 年，纯电动汽车和插电式混合动力汽车累计产、销量将超过 500 万辆。新能源汽车产业进入黄金发展期，产量和销量快速增长，截至 2017 年年底，我国累计推广新能源汽车 180 多万辆，装配动力蓄电池约 86.9 GWh。随着首批新能源汽车上路已满 8 年，我国同时迎来动力电池退役"小高峰"，行业专家从企业质保期限、电池循环寿命、车辆使用工况等方面综合测算，2018 年新能源汽车动力蓄电池将进入规模化退役期，预计到 2022 年累计将超过 40 万吨，动力蓄电池退役量年复合增长率将超过 70%。预计未来 3 年，锂电池回收市场将呈现快速增长态势，至 2020 年市场规模有望超过 156 亿元，年复合增长率达 41%。

　　动力蓄电池退役后，仍然有 70%～80% 的剩余电量，如果处置不当，随意丢弃，一方面会带来环境影响和安全隐患，动力电池中含有的 $LiPF_6$、苯类等难以降解物，处理不当会造成严重污染；另一方面，也会造成钴、锂、镍、锰等资源的浪费，我国镍、钴、锂、铜等有色金属资源较为短缺，对外依赖较强，动力蓄电池的回收势在必行。

　　中共中央、国务院高度重视新能源汽车动力蓄电池回收利用，国务院召开专题会议进行研究部署，先后发布了《生产者责任延伸制度推行方案》和《新能源汽车动力蓄电池回收利用管理暂行办法》。推动新能源汽车动力蓄电池回收利用，有利于保护环境和社会安全，推进资源循环利用，有利于促进我国新能源汽车产业健康持续发展，对于加快绿色发展、建设生态文明和美丽中国具有重要意义。基于此，资源强制回收产业技术创新战略联盟整合资源，组织产学研相关领域专家，共同编写了《2017年中国动力电池回收处理产业现状与发展报告》，对目前该产业现状、发展趋势、关键技术、政策标准等方面进行概括总结，以期为产业良性发展、技术进步、风险管理等提供咨询和建议。

目　　录

第一章　动力电池产业总体描述

第一节　动力电池市场概况

一、新能源汽车生产量及销售量增加明显

近5年来，随着我国关于发展新能源汽车利好政策的发布，新能源汽车的生产量和销售量呈现明显增长趋势（图1-1）。以2014年和2017年为例，2014年新能源汽车生产量、销售量分别为7.9万台、7.5万台，而2017年新能源汽车生产量、销售量则分别达到79.4万台、77.7万台，约为2014年生产量、销售量的10倍。新能源汽车分为纯电动汽车（包

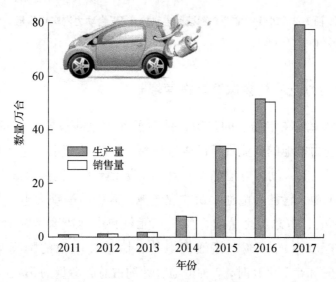

图1-1　2011—2017年我国新能源汽车生产量/销售量

资料来源：中国汽车工业协会。

括乘用车和商用车）和插电式混合动力汽车（包括乘用车和商用车），纯电动汽车的销售量一直大于混合动力汽车，尤其以近3年来更为明显，2017年混合动力汽车销售量约为纯电动汽车销售量的1/5（图1-2）。

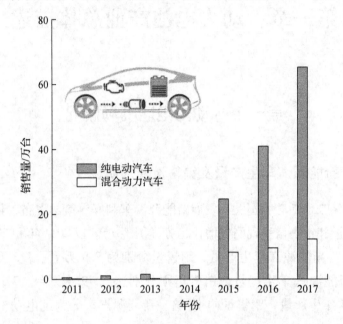

图1-2　2011—2017年我国纯电动汽车/混合动力汽车销售量

资料来源：中国汽车工业协会。

二、动力电池社会保有量快速增长

新能源汽车在市场上的热销，带动了动力电池投资市场持续火爆。目前我国动力电池的产业规模已居世界第一，2017年动力电池总配套量达362.4亿瓦时。动力电池绝大多数是锂离子电池，包括磷酸铁锂电池、三元材料电池、锰酸锂电池、钛酸锂电池，其中磷酸铁锂电池配套量为179.7亿瓦时，占总配套量的50%，三元材料电池配套量为161.5亿瓦时，占总配套量的45%，锰酸锂电池、钛酸锂电池的配套量分别为15.4亿瓦时和5.7亿瓦时，2种电池合计约占总配套量的5%。

目前，磷酸铁锂电池主要用于纯电动商务车，而三元材料电池在纯电动乘用车中配套量大。不同类型新能源汽车中动力电池重量存在一定的差异（表1–1），总体来看，插电式混合动力的商务车和乘用车的动力电池重量相差不大，但是纯电动汽车中商务车的动力电池平均重量约为乘用车的 3.5 倍。

表1–1　不同类型新能源汽车的动力电池重量估算　　单位：kg

车　型	插电式混合动力乘用车	插电式混合动力商用车	纯电动乘用车	纯电动商用车
电池类型	锂离子电池	锂离子电池	锂离子电池	锂离子电池
重量	150～400	120～350	300～800	800～3000
平均重量	275	235	550	1900

根据中国汽车工业协会统计的 2014—2017 年新能源汽车销售量数据，按表1–1所示锂电池平均重量，估算 2014—2017 年销售的新能源汽车动力电池社会保有量（图1–3a）。2014 年销售的新能源汽车的动力电池社会保有量较少，插电式混合动力汽车和纯电动汽车的动力电池重量之和不足 5 万吨，2015 年销售的新能源汽车动力电池增加到近 30 万吨，2017 年较 2015 年翻了一番，约为 64 万吨。

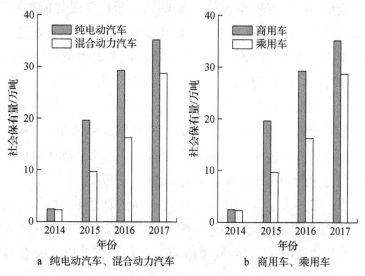

图1–3　2014—2017 年我国新增动力电池社会保有量

如果按商用车、乘用车来划分，2014—2017年我国商用车、乘用车新增动力电池社会保有量如图1-3b所示。2014年，商用车、乘用车新增动力电池社会保有量基本相当，2015年、2016年商用车新增动力电池社会保有量约为乘用车的2倍，2017年商用车新增动力电池社会保有量约为乘用车的1.2倍。

若乘用车动力电池报废周期按5年计算，预测至2017年年底，乘用车动力电池社会保有量累计约为59万吨；若商用车动力电池报废周期按3年计算，预测至2017年年底，商用车动力电池社会保有量累计约为84万吨。由此预测至2017年年底我国新能源汽车动力电池社会保有量累计约为143万吨。

2015—2017年，插电式混合动力汽车年销售量增长较缓，每年新增动力电池社会保有量为2万~3万吨；同一期间纯电动汽车销售量大幅增长带动动力电池社会保有量呈同步变化趋势，2015年销售的纯电动汽车动力电池社会保有量约为27万吨，2015—2017年，纯电动汽车每年新增动力电池社会保有量为15万~18万吨。如果保持目前新能源汽车动力电池社会保有量增长幅度（年增加15万~18万吨）、每台新能源汽车动力电池重量维持现有平均水平（表1-1）、报废年限与前述相同的话，预测至2020年，我国新能源汽车动力电池保有量约为328万吨。

从图1-3b来看，2015—2017年我国商用车动力电池社会保有量增加幅度逐年降低，而乘用车增加幅度逐年增加，假如2018年商用车和乘用车新增动力电池社会保有量相当，即二者各占一半，其后乘用车新增动力电池社会保有量超过商用车，假设2020年商用车动力电池社会保有量占该年度总保有量的40%、乘用车占60%，那么估算届时商用车动力电池社会保有量约为125万吨、乘用车约为203万吨。

2016年，我国动力电池中磷酸铁锂电池配套量为203.5亿瓦时，占总配套量的72.3%，三元材料电池配套量为64.2亿瓦时，占总配套量的22.8%。假如按2016年磷酸铁锂电池、三元材料电池的配套量占比计算，估算2020年磷酸铁锂电池社会保有量约为237万吨、三元材料电池社会保有量约为75万吨。由于近年来新能源汽车主要企业增加三元材料电池的使用，总体上来看，三元材料电池配套占比在逐步增加，预计2020年三元材料电池社会保有量较前述数值大。

第二节 中国动力电池资源供给现状

动力电池市场受新能源汽车大爆发驱动，上游原材料需求大幅上涨，引发世界各国抢夺锂、钴、镍等原材料，因此动力蓄电池原材料将面临供应趋紧的状态。常见的动力蓄电池主要由正极、负极、电解液和隔膜四部分组成。其中正极和负极占电池成本的50%以上，正负极主要由活性物质（磷酸铁锂、三元材料、锰酸锂、多元复合材料、钛酸锂、石墨等）和集流体（通常为铝箔和铜箔）组成，容易受到资源供给的限制[1]。

图1-4[2]为动力蓄电池中的5种主要资源（锂、镍、钴、锰、天然石墨）的主要存储国及其国际资源分布情况。实际上，我国锂资源储量超过320万吨，占全球锂储量的23%，位列全球第二，但由于我国锂资源主要分布在海拔较高的青海、西藏地区，镁锂比高，导致加工难度高、成本大，目前工艺尚不成熟，年产量仅占世界总量的5%左右，国内企业所需的碳酸锂80%以上依赖进口；中国钴资源储量仅为全球总量的1.09%，作为最大的电子消费品生产国，我国钴资源绝大部分依靠进口，对外依存度高达97%，存在着极大的供给危机；与锂和钴不同，钢铁工业主导着镍、锰资源的消耗，虽然动力蓄电池不是镍资源主要的消费终端，但中国工业近30年来的快速发展加速了自然资源的耗竭，中国的镍资源正面临越来越大的进口依赖风险，动力蓄电池朝高镍方向发展的趋势更需要我们持续关注镍资源的消耗情况；锰酸锂电池主要应用于电动汽车，未来或可被磷酸铁锂及多元复合锂电池所取代，且我国的锰资源储量丰富，动力电池也不是锰的主要下游应用，因而锰资源供给情况稍显缓和。对于动力蓄电池负极材料来说，目前电池行业使用的主要是混合天然石墨和合成石墨，我国是世界最主要的天然石墨生产国，但动力蓄电池产业的发展加速了天然石墨资源的消耗，而合成石墨几乎是天然

石墨价格的两倍，成本和供应集中度之间的平衡将继续影响两类石墨使用，且当前动力蓄电池回收系统多集中于正极材料的回收，未来石墨资源的供给问题同样值得关注。

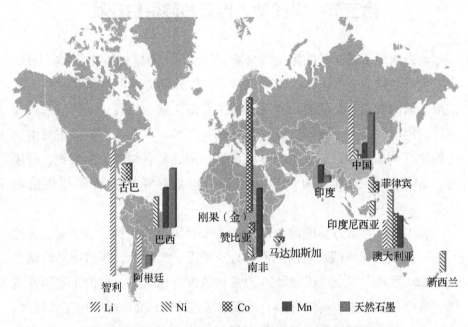

图1-4 锂、镍、钴、锰和天然石墨资源的世界分布情况
柱状图的高度代表资源储量占总资源量的百分比

综上所述，动力蓄电池的正极材料受国际有色金属市场影响显著，而目前废旧电池在政策实施、回收管理等方面较为薄弱，目前的资源循环效率和回收率需进一步提高以降低资源供应风险，促进动力蓄电池工业持续发展。

第三节　中国动力电池报废量预测

一、韦布尔（Weibull）分布模型预测

产品使用后的年报废量可采用居住时间/人口平衡模型估计，即通过

对进入消费阶段的产品量结合寿命分布函数的数值积分计算[3]，如下式：

$$O_t = f(T) \cdot \sum_{t=1}^{T_{max}} I(t-T) \qquad (1-1)$$

式中，O_t 为第 t 年的动力蓄电池的年报废量，$f(T)$ 是寿命为 T 的动力蓄电池在该年报废的概率，$I(t-T)$ 为 $(t-T)$ 年进入消费阶段的动力蓄电池数量。

$f(T)$ 可通过寿命分布模型或逻辑生存率模型表示，常用的寿命分布模型有：狄拉克 δ（Dirac delta）分布、Weibull 分布、正态分布和对数正态分布等。相较于其他寿命分布，Weibull 分布模型可以假设不同的形状，具有更广的适用性[4]，本书采用 Weibull 寿命分布方程对新能源汽车动力蓄电池理论废弃量进行预测，$f(T)$ 的表达式为：

$$f(T) = \frac{k}{\lambda} \cdot \left(\frac{T}{\lambda}\right)^{k-1} \cdot e^{-\left(\frac{T}{\lambda}\right)^k} \qquad (1-2)$$

式中，k 是形状参数，λ 是范围参数，其大小与产品寿命有关，可由下式确定：

$$\left(\frac{T_{ave}}{T_{max}}\right)^k = \frac{k-1}{k \cdot \ln 100} \qquad (1-3)$$

$$\lambda = T_{ave} \cdot \left(1 - \frac{1}{k}\right)^{-\frac{1}{k}} \qquad (1-4)$$

式中，T_{ave} 为动力蓄电池的平均寿命，与 Weibull 分布曲线的中值对应，也就是函数的最大概率密度所在点，T_{max} 为 99% 的产品报废所用的时间，在本书中，假设 $T_{max} = 2T_{ave}$。

一般来说，动力蓄电池的使用寿命为 5~8 年，但是由于频繁充电导致其使用寿命降低，当新能源汽车动力蓄电池容量低于 80% 就要报废，这意味着动力电池报废往往先于汽车报废，在其不同的使用年限存在一定的报废概率。假设锂离子动力汽车电池平均使用寿命为 5~6 年，且服从 Weibull 概率分布，误差为 10%，估算平均寿命分别为 5 年和 6 年的结果，2020 年动力蓄电池正极废弃量将分别为 3.20 万~3.91 万吨和 4.56 万~5.59 万吨，动力蓄电池的整体报废量预计达到 12.8 万~22.4 万吨，锂离子电池的总报废量预计可达到 43.2 万~53.2 万吨。

如图 1-5 所示，按目前新能源汽车销售量增长幅度和趋势、动力电池使用寿命来预测，依此模型预测 2019 年我国将进入动力电池大量报废期，废旧动力电池产生量明显加快，其后报废量在一定时间内将持续快速增长。未来我国动力蓄电池大量报废周期持续时间长短主要取决于新能源汽车市场发展及国家政策主导方向。为了应对动力电池大量报废期的来临，应尽快完善动力电池回收管理体系，促进我国动力蓄电池产业持续循环发展。

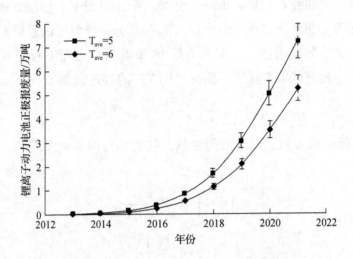

图 1-5 服从 Weibull 分布的动力蓄电池正极报废量预测

二、市场供给 A 模型预测

当一种产品使用后废弃完全按其设计的使用寿命来进行的话，也可以采用市场供给模型对其废弃量进行预测，根据动力电池的销售量数据和产品的平均寿命来估算其报废量。假设动力电池到达平均寿命时全部废弃，在寿命期之前仍被消费者继续使用，且动力电池的平均寿命稳定，则动力电池每年报废量表达式为：

$$Q_w = S_n \tag{1-5}$$

式中，Q_w 为动力电池报废量，S_n 为 n 年前动力电池销售量，n 为动力电池平均寿命。

目前，一些报告采用市场供给模型来估算动力电池废弃量，这是在假设动力电池完全按照平均寿命来报废的，该预测量某种程度上反映了动力电池报废的理论可能性，但忽略了动力电池报废的特点，即报废时间围绕平均报废周期提前、滞后，围绕平均寿命有上下波动、呈正态分布。一般来说，动力电池的使用寿命为 5~8 年，但是由于频繁充电导致其使用寿命降低，当新能源汽车动力电池容量低于 80% 就要报废，这意味着动力电池报废往往先于汽车报废，在其不同的使用年限存在一定的报废概率，这一点符合市场供给 A 模型，在此使用市场供给 A 模型对新能源汽车动力电池理论废弃量进行预测。

市场供给 A 模型表达式为：

$$Q_w = \sum_i S_i P_i \qquad (1-6)$$

式中，Q_w 为电池废弃量；S_i 为从该年算起 i 年前电池的保有量；P_i 为寿命为 i 年的电池的百分比；i 为电池实际寿命。

假设商用车动力电池平均使用寿命为 3 年，且服从正态分布，大部分在这一平均年限上下 1 年的区间内波动，即在使用 2~4 年后被淘汰，利用市场供给 A 模型估算，2020 年商用车动力电池废弃量为 31.7 万吨。假设我国乘用车动力电池平均使用寿命为 5 年，且服从正态分布，大部分在这一平均年限上下 1 年的区间内波动，即在使用 4~6 年后被淘汰，利用市场供给 A 模型估算，2020 年乘用车动力电池废弃量为 6.6 万吨。由此预测，2020 年我国新能源汽车动力电池理论报废量约为 38.3 万吨。

无论是采用 Weibull 分布模型还是修正的市场供给 A 模型，所预测的动力电池报废量都是理论废弃量，实际数据需要相关部门及时统计，为产业发展及其相关监管、产业投资提供可靠数据。按目前新能源汽车销售量增长幅度和趋势、动力电池使用寿命来预测，2020 年左右我国将进入动力电池大量报废期，其后报废量在一定时间内将快速增长。

未来我国动力电池大量报废周期持续时间长短主要取决于国家政策主导方向。

第四节　动力电池回收处理产业链

　　废旧动力电池的回收处理可以看作是一个复杂的生产过程，其产业链主要包括废电池回收、运输、贮存、电池包及模块检测、重组集成、梯次利用、预处理、提取分离、产品制备、废物处理处置及环境保护等若干个环节。废旧动力电池相关产业企业可大致分为回收企业、储能利用企业、金属再生企业，目前尚无企业涵盖从回收到梯次利用、资源再生整个产业链。废旧动力电池回收处理产业流程如图1-6所示。

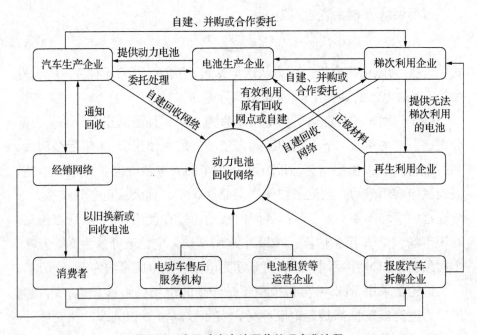

图1-6　废旧动力电池回收处理产业流程

　　为了加快构建新能源汽车动力蓄电池回收利用制度，研究建立回收利用管理机制，国务院先后发布了《生产者责任延伸制度推行方案》和《新能源汽车动力蓄电池回收利用管理暂行办法》，明确相关方责任和监管措施，为新能源汽车动力蓄电池回收利用行业健康发展提供了重要保障。

一、动力电池产业循环机理

基于废旧动力电池兼具资源性和污染性，产业链主体的价值取向和行为规律需要政策引导和市场运作来实现产业链全过程的物质高效利用及有效循环的循环经济发展模式，以技术创新来实现产业链各环节之间的物质转换关系和循环机理，以经济价值增值驱动物质资源流动过程，考虑社会经济发展与技术水平及人类社会价值观念，引入自然资源资本，设计科学的经济政策引导产业链价值合理取向，促进价值循环机理形成；废旧动力蓄电池回收利用产业链中的收集、梯次利用、再生利用3个环节中的物质流动构成了物质循环。提高动力蓄电池回收率、实现废旧动力蓄电池梯次利用和实现动力蓄电池无害化、资源高效回收是该产业实现资源—产品—资源闭路循环的核心环节。

二、产业链主体的物质循环责任构成

动力电池生产商的物质循环责任。主要包括轻量化、单一化、模块化、无害化，倡导生态化设计，易维护设计，以及延长寿命、绿色包装、节能降耗、循环利用等设计；建立合作机制，形成多渠道废旧动力电池回收体系，保证回收率；建立信息系统，对所生产动力蓄电池进行编码，明示产品质量、安全、耐用性、能效、有毒有害物质含量等内容，并及时向汽车生产企业等提供动力蓄电池拆解及贮存技术信息；增强环保意识，正确引导动力电池消费；提供以旧换新渠道，促进废旧动力蓄电池回收；按循环经济设计生产过程，促进电器生产过程的物质高效与循环利用，减少能源消耗；简化产品包装，选用易于再生利用的包装材料。

新能源汽车生产商的物质循环责任。主要包括建立信息系统，记录新能源汽车及其动力蓄电池编码对应信息，委托新能源汽车销售商等通过溯源信息系统建立动力蓄电池编码与新能源汽车的动态联系，向社会公开动力蓄电池维修、更换等技术信息；建立合作机制，建立动力蓄电池回收渠道及服务网点，收集废旧动力蓄电池，集中贮存并移交至与其协议合作的相关企业；采取多种方式为新能源汽车所有人提供方便、快捷的回收服务，通过回购、以旧换新、给予补贴等措施，提高其移交废旧动力蓄电池的积极性。

销售商的物质循环责任。建立绿色营销体系，减少销售环节的附属材料消耗和能源消耗；提供生态化的售后服务；为以旧换新提供便捷服务，促进废旧动力蓄电池回收；将回收废旧动力蓄电池送交正规处理企业。

消费者的物质循环责任。倡导科学使用动力蓄电池，减少电池使用中的维修消耗，降低更新换代的频率，降低能耗，提高能源利用效率；安全使用动力蓄电池，消除使用安全隐患；参加以旧换新活动，积极主动促进废旧动力蓄电池回收，承担废旧电池回收义务。

回收经营企业的物质循环责任。依法取得废旧电池回收经营资格；建立方便快捷、覆盖全面的废旧动力电池回收网络；建立废旧动力蓄电池临时储备的绿色场地；科学规划废旧动力蓄电池回收渠道，有效降低废旧动力蓄电池回收的运输成本；按照材料类别和危险程度，对废旧动力蓄电池进行分类收集和标识，应使用安全可靠的器具包装以防有害物质渗漏和扩散；动力蓄电池及废旧动力蓄电池包装运输应尽量保证其结构完整，属于危险货物的，应当遵守国家有关危险货物运输规定进行包装运输；采取有效方式保证废旧动力蓄电池回收环节的安全和环境；建立废旧动力蓄电池回收信息管理系统，及时上报相关数据与情况。

梯次利用企业的物质循环责任。应符合《新能源汽车废旧动力蓄电池综合利用行业规范条件》的相关要求；按照汽车生产企业提供的拆解技术信息，对废旧动力蓄电池进行分类重组利用，并对梯次利用电池产品进行编码。

再生利用企业的物质循环责任。依法取得特许经营资格；采用先进技术工艺设备处理废旧动力蓄电池，提高资源再生率，降低处理能耗，实施处理生态化，提升再生材料品质与纯度，减少处理污染；加大废旧动力蓄电池处理研发投入，促进废旧动力蓄电池处理技术进步；建立多种渠道的废旧动力蓄电池回收网络体系；加强废旧动力蓄电池质量与环境监测，按规定明示标识；建立废旧动力蓄电池回收处理信息管理系统，及时上报有关数据和情况；建立安全、质量和环境保护管理体系，设置专职专业技术人员；集中处理场应具备完善的污染物集中处理设施；履行废旧动力蓄电池回收处理责任义务。

政府主管部门的物质循环责任。健全法律法规体系；制定相关规范和技术标准；建立激励与约束机制；制定产业链发展相关政策，调控产业链运行，引导规范产业链主体行为；监督检查废旧动力蓄电池回收再生利用产业链运行各环节；编制废旧动力蓄电池处理发展规划；审批废旧动力蓄电池处理企业资质；鼓励产业链主体生态化实施产业运行；打击处置非法回收处理行为；生态设计和环境标志认证；建立废旧动力蓄电池回收再生利用产业链调控管理的信息公开平台；宣传贯彻废旧动力蓄电池回收再生利用相关法律法规和技术标准；采取补贴和免税等经济杠杆，促进产业发展；实施多渠道回收和集中处理制度。

在废旧动力电池回收处理产业链中，回收是基本环节，也是难点之一，在报废高峰来临之前加快回收体系建设是当务之急。回收的电池包在运输、贮存、拆解等环节都存在安全风险，经余能检测后一部分进入储能利用环节，一部分因破损等原因进入资源再生环节，储能利用基本上是降级使用，虽延长了动力电池本身的使用寿命，但最终废弃后也将进入资源再生环节。单体拆解有利于提高金属资源回收率、节能降耗，经预处理后的正负极材料通过冶金技术实现钴、镍、锂等金属再生，从单体拆解到金属再生这个过程易产生污染，电解液、粉尘、重金属及资源再生过程特征污染物是环境保护管控的重点。

第五节　动力电池回收处理行业问题分析

发展新能源汽车有利于保护环境、减少机动车尾气排放产生的大气污染，在解决超大城市雾霾问题等方面发挥着重要作用。新能源汽车大量投入使用数年后，由其产生的废物处理问题将日渐凸显，这一点尤其体现在废旧动力电池的回收处理方面。动力电池和铅酸电池组成差异较大，因此铅酸电池处理技术不适用于动力电池。不同于手机、笔记本电脑电池等消费类锂离子电池，市场上 70% 的动力电池为磷酸铁锂电池，可再生资源的附加值比较低，其最终处理处置是一个难题。

2017 年，我国至少有 50 家企业正在开展或着手开展废旧动力电池回收、处理、梯次利用，其中包括动力电池生产企业、废蓄电池处理企业、报废汽车拆解企业及新能源汽车生产企业等，格林美、邦普、赣州豪鹏、深圳泰力、中航锂电、芳源环保等企业布局较早，是目前的行业骨干。

2017 年，资源强制回收产业技术创新战略联盟在行业相关企业内开展行业调查，收到约 20 家企业的调查表回复，由于缺乏废旧动力电池回收处理相关统计数据，本书仅基于相关调查数据及内容进行分析，由于调研统计范围有限，可使用数据差异较大，相关分析难免偏颇或以偏概全，在此权作抛砖引玉。

具体描述如下。

一、商业模式有待市场检验

在我国动力电池尚未大量报废的背景下，2017 年除少数企业开展实质性废旧动力电池回收处理工作外，绝大多数企业处于布局、技术研发、工程示范阶段，整个动力电池系统的回收商业模式尚未形成，具体回收效果如何，有待在动力电池报废时，接受市场检验并且逐步优化[5]。

现阶段报废较多的是大巴等商用车的动力电池，报废量总体偏小，废弃后流向缺乏监管，无相关回收处理统计数据。回收的商业模式是废旧动力电池回收利用产业链最基本的一环，也是最需要人力、物力、财力大量持续投入的一环。目前，电动汽车生产企业、动力电池生产企业及废电池回收处理企业尚未建立有效的合作机制。当以乘用车为主体，陆续过渡到其动力电池报废高峰时，如果不能在较大覆盖范围内及时进行废旧动力电池的规范回收、拆解和利用，将会带来较大的电解液、重金属污染环境风险，以及梯次利用安全风险，对人民群众生活安全构成潜在威胁。

二、技术水平有待提高

2017 年已经有多家企业开展了废旧锂离子电池回收业务，也有不少企业处于在建或筹建阶段。由于目前对准入企业并无明确限制，导致大批企业涌入该行业。然而，从整个行业现状看，有的已建设示范工程虽具备技术可行性，但处理能力偏低，缺乏大规模生产的安全性和污染防治技术适用性等方面的综合考虑，在金属价格出现波动或环保措施收紧的情况下存在较大风险。废旧动力电池回收利用产业链包括电池包整体拆解、余能检测、储能利用、放电、拆解、电极材料分类收集、金属再生、废物处理处置等若干环节，目前已立项开展的国家层面相关研究项目仍然偏少，不利于系统深入研究，也严重影响着产业技术创新和应用示范效果。随着科技部"固废资源化"重点专项指南的发布，将有助于相关技术水平的提升。

梯次利用主要是电池容量衰减至 80% 以下的动力电池，电池本身尚未报废，可以作为供电基站、路灯、低速电动车的储能或驱动载体使用。由于废旧动力电池容量分布不均，外观壳体材质、电池尺寸规格、电池内部结构、材料类型、成组方式等均存在多样化的特点，导致后续再利用技术难度大、成本高。现在梯次利用方面研究明显不足，废旧动力蓄电池类型、设计工艺和串并联成组形式、服役时间、应用车型和使用工况各不相同，导致拆解、检测、重组不便、梯次利用安全隐患问题等，都有待于深入研究，这一点尤其体现在废旧动力电池余能检测、电池包（Pack）拆解、二次组装利用、安全性评估等环节。梯次利用除技术层面外，更需关注利用成本问题。

动力电池报废后即使开展梯次利用，梯次利用后还会进入二次报废阶段，因此其金属资源高效再生回收与污染防治技术研发是必要的。目前，我国废锂离子电池金属再生回收技术研发仅侧重于三元材料电池、钴酸锂电池这种具有较高附加值的金属资源再生技术开发，针对废磷酸铁锂及废电解液、产业废物的处理处置技术研究仍有待深入。

三、环境污染风险大

废旧动力电池处置利用过程的环境污染与其所含的重金属钴、镍、锰和电解液中的 $LiPF_6$ 有关，当废旧动力电池不能规范、安全回收处理时，其中的重金属、电解液存在向环境介质扩散、造成环境污染，对人体产生危害。此外，废旧动力电池金属资源再生过程中，无论是采用火法冶金还是湿法冶金技术，都会产生废气、废液、废渣，除动力电池内部本身材料外，金属再生过程的二次污染风险很大[6-7]。此外，废旧动力电池回收利用也存在3个方面的安全风险（图1-7），一是回收后运输过程的安全风险；二是梯次利用时不同型号/规格废旧动力电池重组后的稳定性、热管理系统失效、电芯存在热失控的风险等；三是电池解体时电解液挥发导致 HF 污染。

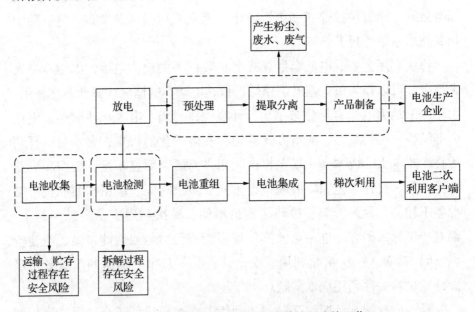

图1-7　动力蓄电池产业链中存在管控风险的环节

四、装备及技术水平不高

国内动力电池回收的技术、设备质量水平远远不能满足市场需求，现在大部分特别是中小型企业以手工为主的回收分选模式，亟须转变为以自动化或人机混合的半自动化回收分选模式，实现行业从劳动密集型向技术资本密集型的转变，缩小与发达国家在再生资源回收分拣领域的差距。在梯次利用方面，废旧动力电池拆解、检测、再组装利用等都需要有一定的专业技术，相关人力成本占梯次利用成本比例较高，例如，废旧动力电池须经过安全性评估、循环寿命测试等，将电芯分选分级，再重组后才可再利用。而这些测试设备、测试费用、测试时间、分析建模等都会增加成本。急需高效的拆解设备、检测设备、再组装设备。

五、政策衔接度不够

虽然目前动力电池回收相关规定中能够找到与废电池生命周期内各个环节相关的法律条文，但这些条文较为分散且只是原则性规定，而非针对性的法规政策，在形式上主要表现为部门规章及一些技术规范和标准，缺乏系统性的专项立法，缺少顶层制度设计。高层次废电池无害化管理法规的缺失使得废电池的管理约束力不够，回收处理工作难以落实到位。废电池相关法规政策中提出了废电池全生命周期管理各环节规定要求，但是缺乏具体的责任主体和责任机制，致使相关制度尚未能很好地建立和实施落实，如生产者责任延伸制度可操作性较差，缺乏相关政策衔接和执行细则[8-9]。各环节的主体如生产企业、回收处理企业、主管机关、消费者等相关方都没有形成各自的责任感与积极性，各方责任未能有效履行，废电池的回收处理仍被个体回收商和小作坊主导。建议落实各环节主体的责任和奖惩制度，主管部门应建立动力电池全流程监管平台，涵盖所有电池使用者和整车企业[10-12]。此外，行业管理职权分散、缺乏合力，扶持政策和工作措施缺乏配套性。

六、标准执行力不足

据不完全统计，目前已有《车用动力电池回收利用拆解规范》《锂离子电池材料废弃物回收利用的处理方法》等9项国家标准或行业标准颁布实施，这些标准规范或约束了废旧动力电池回收利用的某一阶段的生产行为或指标，但上述标准的可操作性存在不足，需要从企业生产管理角度，提出详细的工艺技术、装备、回收率、环境保护等方面的规范要求和技术标准[13-14]。我国的国家与行业两级标准间，以及各类行业标准间也缺乏协调，标准对象存在一定的交叉或重复。

参 考 文 献

[1] Helbig C, Bradshaw A M, Wietschel L, et al. Supply risks associated with lithium-ion battery materials [J]. Journal of Cleaner Production, 2018, 172: 274-286.

[2] Olivetti E A, Ceder G, Gaustad G G, et al. Lithium-ion battery supply chain considerations: analysis of potential bottlenecks in critical metals [J]. Joule, 2017, 1 (2): 229-243.

[3] Muller E, Hilty L M, Widmer R, et al. Modeling metal stocks and flows: a review of dynamic material flow analysis methods [J]. Environmental Science & Technology, 2014, 48 (4): 2102-2113.

[4] Song X, Hu S, Chen D, et al. Estimation of waste battery generation and analysis of the waste battery recycling system in china [J]. Journal of Industrial Ecology, 2017, 21 (1): 57-69.

[5] 黎宇科. 有效利用并完善我国车用动力电池回收体系 [J]. 低碳世界, 2012 (3): 30-31.

[6] 高洋, 王佳, 朱一方, 等. 车用动力电池回收利用环境影响研究 [J]. 汽车与配件, 2014 (20): 41-43.

[7] 余海军, 张铜柱, 刘媛, 等. 车用动力电池回收拆解的安全与环境技术 [J]. 工业安全与环保, 2014, 40 (3): 77-79.

[8] 蒲毅, 徐树杰, 吴蒙. 车用动力电池回收利用的现状与对策 [J]. 汽车与配件, 2015 (32): 36-39.

[9] 姚海琳, 王昶, 黄健柏. EPR 下我国新能源汽车动力电池回收利用模式研究 [J]. 科技管理研究, 2015, 35 (18): 84-89.

[10] 张健, 张成斌. 动力电池回收再利用相关问题研究 [J]. 交通建设与管理, 2016 (8): 44-51.

[11] 黎宇科. 动力电池回收利用政策解读及发展趋势 [J]. 汽车与配件, 2016 (3).

［12］郭学钊．动力电池回收利用法律问题研究［D］.北京：北京理工大学，2015.

［13］黄歆，黎志能．我国动力电池回收利用面临的困境与对策研究［J］.河北企业，2017（8）：124 – 125.

［14］李姗姗．加快动力电池回收体系建设 为新能源汽车做好善后工作［J］.中国商界，2017（11）：69.

第二章　废旧动力电池回收技术进展

随着我国新能源汽车行业的快速发展，退役动力电池的回收利用将成为重要的新兴领域。从 2018 年开始，我国将会有大量的动力电池进入退役期，退役电池将优先考虑梯次利用，再进行资源再生利用。其中梯次利用是将容量衰减到 80% 以下的车用动力电池用于储备、低速电动车等领域。资源再生是对已经报废的动力电池进行破碎、拆解和冶炼等，实现金属资源的回收利用。目前，我国已经基本掌握动力电池再生利用技术，具备处理各种类型动力电池的技术能力。资源、材料、电池、新能源汽车等锂电池产业链上下游相关企业均在积极开展废旧动力电池回收处理的布局，同时也有第三方的资源回收企业在积极布局相关业务。

第一节　梯次利用

动力电池报废后，需要对其安全性、残余寿命等相关参数进行科学合理的评估，才能进行梯次利用。梯次利用主要潜在市场有 12 V/24 V 汽车启动电池、不间断电源（UPS）、储能系统（ESS）、移动电源（Power Bank）、36 V/48 V 电动摩托/自行车电池等。目前虽然已有商业储能、低速电动车、电网储能等方面的示范工程，但由于废旧动力电池容量分布不均，外观壳体材质、电池尺寸规格、电池内部结构、材料类型、成组方式等均存在多样化的特点，导致后续再利用技术难度大、成本高。随着新电池性能提升和成本下降，梯次利用市场受到很大影响，梯次利用与新电池成本之差是决定其能否经济可行的关键，合理的回收价格是关键条件。

　　按商用车 3 年电池寿命和乘用车 5 年电池寿命估算，仅 2018 年我国达到需要进入梯次利用阶段（容量降至 80% 以下）的动力锂电池报废量将达到 14.03 GWh（约 20 万吨），至 2023 年，将进一步快速增加至 101.50 GWh（115.78 万吨），如图 2-1 所示。报废电池仍具有相当的容量（通常容量保持率为 70%~80%）和较为宽泛的使用空间，将退役动力电池应用于通信基站、数据中心、UPS/ESS 储能、移动电源、低速车、电动摩托/自行车等对能量密度或功率特性要求不高的领域，不管是从经济性还是环保性而言，都具有一定的优势。尤其是 2014 年之后，随着国内电池制造技术的快速发展，废旧动力电池不再出现容量"跳水"的现象，而是近似线性衰减，若将其直接用于资源化回收，将造成极大的资源和能量浪费。随着社会对环境污染、碳排放等问题越来越重视，对于退役动力电池进行梯次利用，已经成了必然趋势。

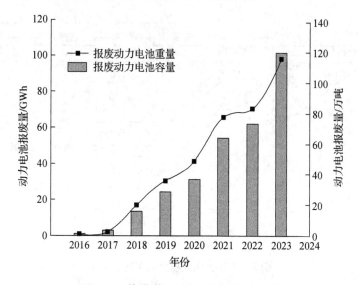

图 2-1　待梯次利用的动力电池报废量

一、废旧动力电池梯级商业模式及技术难点

　　动力电池的梯次利用需要建立多方面联动的合作机制。首先，按照国家号召的锂电池"谁出售，谁回收"方针，以电池制造商、整车制造和销售商（4S 店）为主体，推行生产者责任制，责任主体有义务建立退

役动力电池回收体系，保证退役动力电池安全、合规回收；其次，动力电池无论是体积还是重量都很大，若直接将电池返厂回收处理，需要支出大量的人力、物力，目前依然较难实现，因此目前退役动力电池梯次利用多采用"就地消耗"的策略。电池制造商、整车制造和销售商通过与专业锂电池回收厂商合作或直接开设子公司，将动力电池回收业务外包给此类厂家，制定品牌下 4S 店将从车主那里回收的动力电池统一运送至当地电池回收商，回收商通过对废旧电池进行拆解、检测和二次组装，将产品输送至储能、低速车（与整车制造商合作）等终端客户，实现动力电池的梯次利用，待梯次利用结束（电池容量下降至初始容量的40%），电池回收商通过资源化回收技术提取电池中的有价组分，将提取所得原料输送至电池制造厂家，以实现资源循环利用，其商业模式如图 2-2 所示。

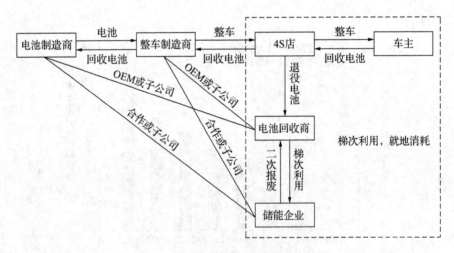

图 2-2　动力电池梯次利用商业模式

在进行废旧动力电池梯次利用时，需考虑以下几个方面。

（一）Pack 拆解工艺

动力电池退役时，通常是将 Pack 整体拆卸下来。在梯次利用过程中，通常需要将 Pack 拆开，基于模组的检测或重组等技术实现退役动力电池的再利用。由于不同的车型具有不同的 Pack 设计，其内外部结构设计、模组连接方式、工艺技术各不相同，意味着不可能用一套拆解工艺和规范适合所有 Pack 和模组。在 Pack 拆解方面，就需要进行柔性化的配置，将拆解流水线进行分段细化，针对不同 Pack，要尽可能复用现有流水线的工段和工序，以提高作业效率，降低重复投资。然而目前国内 Pack 拆解尚不能完全自动化实现，存在大量人工作业（图 2-3），以特斯拉（Tesla）Model S 85 所搭载的电池组为例，该电池组由超过 7000 只18650 电芯组成（共分 16 组，每组 444 节电池），净重 900 kg，电池组表面不仅有塑料膜保护，在塑料膜下还有防火材料护板，护板通过螺栓与电池组框架连接，并且连接处充满密封黏合剂，仅依靠人力拆卸电池板顶盖需耗时 2 小时以上，不仅效率低下，而且若操作不当，会发生短路、漏液等各种安全问题，进而可能造成起火或爆炸，导致人员伤亡和财产损失。所以，如何保证作业安全，降低事故隐患，也是大规模 Pack 拆解所必须解决的问题。

图 2-3　Pack 手工拆解过程

（二）电池模组余能检测（图 2-4）

动力电池经过拆解后需要对其健康状态（State of Health，SOH）进行评估，根据电池的健康状态及剩余寿命对其进行二次利用。若动力电池在使用期间，其相关运行数据有完整记录，结合电池的出厂数据，可以建立电池模组的简单寿命模型，能够大致估算出特定运行条件下电池模组的剩余寿命，这种情况可显著节约检测时间和费用；若无具体使用情况记录，仅有出厂时的原始数据（如标称容量、电压、额定循环寿命等），则需对每个模组进行测试、均衡、计算，根据相关数据和出厂时的原始数据，建立对应关系，大致估算其剩余寿命。每一个模组的测试时间、测试费用，都会影响梯次利用的成本。测试设备、测试场地、测试费用、测试时间、分析建模等，都会增加不少的成本，导致梯次利用的经济价值降低。如何快速、准确地估算电池模组的剩余寿命，是动力电池梯次利用的关键所在。

图 2-4　回收电池模组检测装置

（三）系统集成技术

在拆解和余能检测基础上，需要根据运行数据和测试数据对不同的电池模组建立数据库，根据材料体系、容量、内阻、剩余循环寿命等参数对模组重新分组。模组分组参数的合理性，直接影响到后面重新组合的系统性能，具体如何确定相关参数，需要做大量的研究工作，兼顾成本和性能。基于电池模组的分组等级和类型，以及产品开发具体目标，建立一个系统级模型，推算出相关的匹配系数，确定产品的总体方案。此外在进行系统集成设计时，还需同步考虑结构柔性化设计和电池管理系统（BMS）的鲁棒性。系统结构设计应该兼容不同的模组，固定方式既要考虑紧固性和可靠性，又要考虑弹性和便于快速装卸，模组的线束连接多柔性化考虑，做到可快插和快换；BMS需做到模块化、标准化和智能化，能够自适应各种类型的模组，并能够自我学习，在运行过程中为模组和电芯建立模型，做到智能化的监控、预测、诊断、报警和各类在线服务。软件的升级可在线进行，并可远程升级。

（四）安全性和可靠性

拆解后的电池模组，仅通过目视检查，无法检测到轻微胀气、漏液、内短路、外壳破损、绝缘失效、极柱腐蚀等安全缺陷，且废旧动力电池中的大多数电芯已经进入生命周期的中后期，相对于新电芯而言，其老化速度的离散化进一步加剧，导致系统在可用容量和充放电功率方面越来越弱，严重时会使得产品的性能和寿命远低于预期，增加产品的使用风险和售后风险。因此，采取简单、快速而有效的检查措施为拆解后的电池模组进行安全"体检"，将在很大程度上保证电池模组在梯级使用过程中的安全性。另外，在新产品运行过程中，需利用BMS时刻对其安全状态进行监控，排查隐患，及时采取措施。所以，针对梯次利用的产品，BMS的安全性和可靠性检测功能要予以强化，通过电子手段有效监控和保障产品的安全性和可靠性。

（五）成本控制

梯次利用的最大价值在于可以以较低的成本，获得较高的性能，从而在某些应用市场获得良好的经济效益。因此梯次利用的技术研究必须以低成本为核心，脱离这个着眼点，将很容易陷入为追求技术指标而忽略商业价值的困境，从而使得梯次利用的商业运作步履维艰。

成本控制需贯穿于废旧动力电池梯次利用的每一个环节。在 Pack 拆解环节，针对不同 Pack 复用流水线和工艺，简化电池模组和电芯的测试，快速建模等，都会影响后续产品的成本；在产品开发环节，系统集成是关键，电池模组混用、系统柔性化设计、BMS 鲁棒性设计等，都能有效降低产品物料成本；在产品的运维环节，确定合理的质保年限，做到智能化管理、远程诊断和维护等，都将影响产品的生命周期成本。

二、废旧动力电池梯次利用现状

目前，尽管世界各国对于动力电池的梯次利用的重要性已有明确的认识，很多研究机构和企业也开展了动力电池梯次利用的相关研究工作，但是对于动力电池梯次利用的商业化探索都处在早期阶段，还没有诞生非常成熟的运作方式，回收体系、产品应用、市场推广、商业模式、资源整合等都有待进一步研究和积累。诸多因素，也限制了梯次利用的大规模开展和商业推广。

表2-1列出了目前国外动力电池梯次利用的典型案例。可以看出，从国际上来看，动力锂电池梯次利用主要瞄准家庭储能、新能源分布式发电储能、防灾据点及通信基站等。这些领域应用对能量密度的要求不高，但是对循环寿命和价格要求相对较为苛刻。考虑电池回收、转换及运输等多重成本，车用废旧电池实际的回收价值将不到新电池成本的10%，在价格上可以满足储能的要求。

表2-1 国外主要梯次利用案例汇总

国家	应用领域	案例描述	参与主体
日本	家庭及商业储能	东风日产和住友集团2010年合资成立的4R Energy公司对日产聆风汽车的废弃电池实施梯次利用，开发了标称功率为12~96 kW的系列家用和商用储能产品	4R Energy公司

续表

国家	应用领域	案例描述	参与主体
德国	电网储能	2015 年，博世集团、宝马和瓦滕福公司就动力电池再利用展开合作，利用宝马 Active E 和 i3 纯电动汽车退役的电池建造 2 MW/2 MWh 的大型光伏电站储能系统	博世集团/宝马/瓦滕福公司
德国	电网储能	2017 年，奔驰公司与回收公司合作实施目前计划投运的全球最大的梯次利用项目——Lünen 项目，该项目将 1000 辆 Smart 的退役电池进行梯次利用，预计形成 13 MWh 的电网服务储能设施，退役电池有效梯次利用率达到 90% 以上	奔驰公司
美国	分布式发电/微网	美国可再生能源国家重点实验室对淘汰的插电式混合动力汽车及纯电动汽车用锂离子电池提出用于风力发电、光伏电池、边远地区独立电源等	美国可再生能源国家重点实验室
美国/瑞士	智能电网	通用汽车从 2011 年开始与 ABB 集团合作试验利用雪佛兰沃蓝达（Volt）的电池组采集电能，回馈电网并最终实现家用和商用供电，并于 2012 年 11 月在美国旧金山地区进行公开展示	通用公司、ABB 集团
美国	家庭及商业储能	美国 Tesla Energy 开发了面向家庭和商业储能的储能墙（Powerwall）和能量包（Powerpack），并已于 2017 年 12 月向南澳大利亚州正式交付了世界上最大的电池储能系统 100 MW/129 MWh，该系统由 640 个独立的能量包（每个 200 kWh）组成，使用法国可再生能源公司 Neoen 风电场生产的可再生能源进行充电，并在高峰时段供电，帮助南澳的电力基础设施保持稳定运行*	Tesla Energy

*然而，Tesla 储能系统采用电池全部为新电池。目前虽然已经进行多次论证，其并未真正开展退役电池的梯次利用实践。

　　与欧美、日本等发达国家相比，我国在动力电池梯次利用方面进展相对滞后。这一方面是因为动力电池的大规模报废潮还未真正到来，受前几年电动汽车市场规模的限制，加之在相关标准规范和政策法规方面的缺失，导致现阶段动力电池回收出现责任主体/利益关系不清，车主、整车企业、电池企业、梯次利用企业、报废回收企业尚未形成一条完整的回收利用产业链；另一方面，现阶段我国从事回收利用的企业或单位大多都不具备相关资质和环保条件，回收过程受利益驱使，退役电池大多直接报废，通过拆解和资源化回收获取其中的有价组分，由此导致动力电池梯次利用研究远远不能满足实际应用需求。

从政策制定者的角度来说，国家相关主管部门已经充分意识到了建立动力电池回收利用体系的重要性和紧迫性，相继发布《电动汽车动力蓄电池回收利用技术政策（2015年版）》《车用动力电池回收利用拆解规范》《车用动力电池回收利用余能检测》《电动汽车用动力蓄电池产品规格尺寸》《汽车用动力电池编码（征求意见稿）》等系列标准和规范，引导相关的责任企业建立完善的回收利用产业链。

诸多电池制造/回收从业者及研究机构近几年也开始开展梯次利用的相关理论研究和示范工程建设，尤其是2017年下半年以来，规模化应用及产业联盟开始逐步呈现，具体见表2-2。其中中国铁塔股份有限公司（以下简称"中国铁塔公司"）自2015年10月起，利用纯电动大巴退役电池代替铅酸电池用于通信基站备能，在广东、福建、浙江、四川、河南、山东、黑龙江、上海、天津等9省市建立57个梯次利用试验站点，涵盖各类应用工况，对动力电池梯次利用的经济、环境效益进行充分论证，在动力电池梯次利用方面构建了国内最大的实时监控网、专业物流体系和专业维护人员队伍等。2017年年底，中国铁塔公司正式面向社会全面拓展长期、稳定的战略合作伙伴渠道，并大量采购用于梯次利用的电动汽车退役动力电池及B品动力电池。2018年1月4日，中国铁塔公司与深圳市沃特玛电池有限公司（以下简称"沃特玛"）签订动力电池梯级再生利用战略协议，沃特玛为其供应梯级电池；2018年2月初，中国铁塔公司广东省分公司与广东省经济信息化委、广东省循环经济和资源综合利用协会、广东光华科技股份有限公司签订新能源汽车动力蓄电池回收利用合作协议，根据协议，4 家单位将整合政府、协会及企业三方面的强大资源，通过物联网、大数据等信息化手段，重点围绕"探索退役新能源车动力蓄电池循环梯次利用及后续无害化处理"问题，建立可追溯管理系统和普适性强、经济性好的回收利用模式，开展梯次利用和再利用技术研究、产品开发及示范应用，并推动形成相关技术规范标准。此外，参与单位还将通过创新回收机制，探索建立生产者责任延伸制度，提升资源化利用技术水平，进而打造完善的新能源车动力蓄电池资源化产业链，并在全国范围内实现示范作用。

除此之外，诸多电池/电动车厂商及下游厂商也开始通过产业联盟形式构建"电池制造—使用—回收"闭环产业链及相关标准制定。例如，2018 年 1 月，宁德时代与北汽集团、北大先行将开展动力电池研发、制造、回收、梯次利用等各项业务的战略合作；2018 年 1 月 18 日，格林美在湖北荆门举办第一届创新大会，表示拟投入 5000 万元创新经费，围绕在全球范围建立"动力电池回收—动力材料再生—电池梯次利用—新能源汽车后服务"新能源全生命周期价值链，重点开展动力电池包绿色拆解与梯次利用的智能化装备及产业化示范等；沃特玛将与宁德时代和比亚迪一起，作为梯次电池利用标准起草和梯次电池残值估值两个小组的核心成员，参与行业和产品标准制定。

表 2-2　国内动力电池梯次利用案例

应用领域	案例描述	参与主体
商业储能	利用电动汽车退役电池组成 9 套 20 kW/122 kWh 储能单元，共计 180 kW/1.1 MWh，是国内首套 MWh 级梯次利用电池储能电站	煦达新能源
通信基站储能	2018 年 1 月 4 日，中国铁塔公司与沃特玛签订动力电池梯级再生利用战略协议，沃特玛将成为中国铁塔公司的战略合作伙伴，为其供应梯级电池	中国铁塔公司沃特玛

应用领域	案例描述	参与主体
通信基站储能	4家单位将重点围绕"探索退役新能源车动力蓄电池循环梯次利用及后续无害化处理"问题，建立可追溯管理系统和普适性强、经济性好的回收利用模式，开展梯次利用和再利用技术研究、产品开发及示范应用，并推动形成相关技术规范标准	中国铁塔公司广东省分公司、广东省经济信息化委、广东省循环经济和资源综合利用协会、广东光华科技股份有限公司
通信基站储能	采用纯电动大巴退役动力电池代替铅酸电池用于通信基站备能，建设了57个试验站点，经济效益和环境效益优势明显	中国铁塔公司
商业储能	耗时两年共同完成100 kWh梯次利用电池储能系统的工程示范	中国电科院、国网北京市电力公司、北京交通大学
低速电动车/电网储能	利用退役的动力电池，在电动场地车、电动叉车和电力变电站直流系统上进行改装示范，用作低速电动车动力源和电网储能	国网北京市电力公司、北京工业大学、北京普莱德新能源电池科技有限公司
电网储能	利用2008年北京奥运会退役的电动汽车锂电池，完成了360 kWh梯次利用智能电网储能系统	北京海博思创科技有限公司、国网北京市电力公司
低速电动车	将电动汽车退役的动力电池进行重组，用于48 V电动自行车的动力电源	国网浙江省电力公司
电网储能	在郑州市建立了基本退役的动力电池的混合微电网系统，联调成功，在1年时间内累计发电超过45MWh	国网河南省电力公司

三、废旧动力电池梯次利用问题及展望

自2010年我国电动汽车行业出现井喷至今，由于缺乏政府监管/引导/资金支持，责任方/利益关系尚未完全明确，回收/收集过程及梯次利用商业模式尚不成熟，迄今尚未形成行之有效的"电池生产—动力应

用—梯次利用—资源化回收"完整产业链。虽然我国基于"生产者责任延伸制度（EPR）"的废旧动力电池循环与管理体系正在推进，也在深圳市实施 EPR 管理模式试点，但是目前来看其试点结束后，仍有待进一步市场化验证和优化。不同地域梯次利用的技术与市场状况也存在较大差异，梯次利用的对象也会受到当地产业结构与市场需求影响。例如，部分退役电池会流向充电宝等小、散行业，造成管控风险。除此之外，梯次利用过程还受制于国家法规标准不完善、商业模式单一、电池质量和成本控制等，具体如图 2-5 所示。

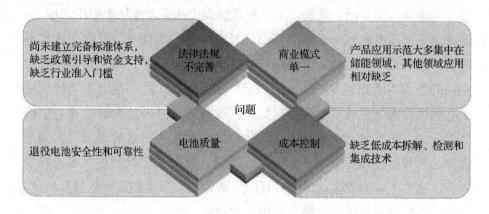

尚未建立完备标准体系，缺乏政策引导和资金支持，缺乏行业准入门槛

法律法规不完善

商业模式单一

产品应用示范大多集中在储能领域，其他领域应用相对缺乏

问题

退役电池安全性和可靠性

电池质量

成本控制

缺乏低成本拆解、检测和集成技术

图 2-5 梯次利用主要问题

尽管国家相继出台相关政策法规倡导对动力电池进行梯次利用，2018 年年初出台的《新能源汽车动力蓄电池回收利用试点实施方案》也明确支持中国铁塔公司等企业结合各地区试点工作，开展动力蓄电池梯次利用示范工程建设。然而在目前的市场和技术背景下，相关规定或标准等基本为非强制，针对梯次利用的技术与经济可行性、优势和存在问题等尚未达成统一意见，仍有待市场检验。如何将退役动力电池的梯次利用和直接报废以获取其中的有价组分相结合，促进电池回收和再利用行业的健康有序发展，需要技术、市场、政策、公众等多方面结合和推进；在已有的几个商业化较为成功的项目上，梯次利用主要用于商业/家庭储能、通信基站备能等储能领域，相对于铅酸电池而言，废旧动力电

池在该领域的应用目前尚不具备明显的经济优势，过于单一的商业化模式限制了动力电池梯次利用的市场容量和进一步推广，亟须拓展低速车、电动自行车等其他领域的梯次利用，以进一步扩大潜在市场；此外，电池质量不理想也是当前梯次利用未得到广泛认可的重要因素，退役的锂电池大多处于生命的中后期，电池的安全性和可靠性相对于新出厂电池而言并没有保障，尽管近些年电池的制造工艺取得了长足发展，电芯一致性明显提升，然而安全可靠的电芯质量依然是梯次利用的前提和基础；最后，如前文所述，梯次利用的核心优势在于成本低，然而 Pack 的拆解、电池模组的检测、筛选、重组和系统集成都会增加梯次利用的成本，即使退役电池电芯相对于新电芯而言具有一定成本优势，其安全性和可靠性，以及后续产品的运营和维护等都远不及新电芯，综合来看，梯次利用的总成本优势并不明显，甚至于不如新电芯，尤其是随着电池制造工艺的演进和制造成本的逐步降低，梯次利用将进一步面临与新电芯的直接竞争。鉴于此，电池制造及回收业内相对较为一致的观点是，如果需要从大量报废动力电池中去筛选、检测，再拿来梯次利用，如此耗费人力、物力、财力太大，不会有好的经济效益。未来如果电池包模块化，不需要拆解可以直接拿去梯次利用，才划算。

由此可见，"免拆解＋编码制度"才是未来梯次利用的方向。随着国家在电池模块化设计和车用蓄电池编码制度上的强力推进和电池制造技术的快速发展，退役电池质量得到充分保障，现阶段动力电池梯次利用遇到的难题将会得到有效解决。此外，随着梯次利用商业模式的进一步丰富，不同类型的退役动力电池可根据下游细分市场需求，在不拆解的情况下实现统一编组集成，无论是应用灵活性还是应用成本，相对于新电池而言，均会具有明显优势，届时动力电池的梯次利用将会具有更广阔的市场。

第二节　预处理

动力电池通常由外壳、正极、负极、电解液和石墨等组成，其中金属组分主要分布在外壳、集流体和正极材料中。外壳和集流体中的金属主要包括铝、铁、铜等金属单质，回收较为简单。而正极材料中包括锂、镍、钴、锰等金属，具有较高的回收价值，是废旧动力电池金属材料回收的核心。然而正极材料中的金属均以化合物的形式存在，分离回收较为困难。如果不经过预处理步骤，锂、镍、钴等有价金属组分将难以回收。为了高效地回收动力电池中的有价金属，对动力电池进行预处理是十分必要的。图 2-6 为目前国内典型的动力电池预处理过程，其工艺流程一般为盐水放电、热处理、磁选除铁、粒度分选、密度分选等。由于电池的形状规格各不相同及后续的回收工艺对原料的要求不同，废旧锂离子电池的拆解分选流程也会有所不同。

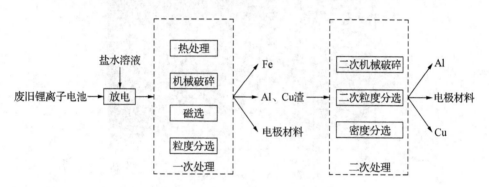

图 2-6　典型动力电池预处理过程

一、放电或失活过程

通常，废旧动力电池中会残余部分电量，在后续的拆解、破碎工序之前需要对其进行预放电或失活，以避免火灾或爆炸等事故。废旧锂离子电池的放电或失活过程通常采用盐水浸泡，导体、半导体放电或者低温冷冻的方法（图 2-7）。盐水浸泡的方法通常采用 NaCl 溶液浸泡将废锂离子电池短路使电池中剩余电量释放出来，另外盐溶液还可以吸收电池短路释放的能量。导体或半导体放电的方法是采用金属粉末或者石墨粉短路的方法来进行放电，但采用金属粉末短路放电容易造成短时间内电芯温度快速升高，可能导致电芯的爆炸。另外，低温冷冻的方法常采用液氮将废旧电池冷冻至极低温度使电池失活，然后再进行安全破碎。这几种方法中盐水放电的方法处理成本低、放电彻底，适合小型废旧动力电池的放电处理，适合工业规模化生产。目前国内多家回收企业均采用盐水浸泡的方法对废锂离子电池进行放电。但是如果放电过程中电池外壳破碎，会导致 HF 的生成、有机物的挥发，均会对环境带来一定的危害。

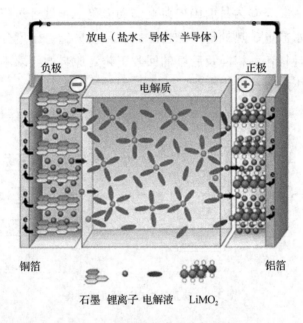

图 2-7　废旧动力电池放电原理

二、热处理法

热处理法是利用高温热解去除电池中的黏结剂，实现正极活性物质与铝箔之间的分离。动力电池中使用的 PVDF 黏结剂一般在 350 ℃以上开始分解，其他组分（乙炔黑、导电碳等）一般在 600 ℃以上开始分解。另外当温度达到 500 ~ 600 ℃时，碳可与空气中的氧气发生燃烧反应。因此，通过控制热处理的问题，可以实现黏结剂的分解，使正极材料从铝箔集流体表面脱落。当采用真空热解的方法处理正极片时，在热解过程中，正极片中的电解液和黏结剂等有机物挥发或分解为低分子量的产物，使正极材料和铝箔基体的黏结力降低，正极材料与铝箔基体分离。因此，真空热解的温度对正极材料与铝箔基体的分离有着十分重要的影响。当热解温度低于 450 ℃时，有机黏结剂分解不彻底，依旧存在一定的黏结力，活性物质和集流体基本不分离；当热解温度为 500 ~ 600 ℃时，有机黏结剂基本全部分解，活性物质与铝箔基体的分离效率随着温度的增加而增加；当热解温度大于 600 ℃时，温度接近铝的熔点，铝箔开始变脆、熔化，导致铝箔包覆活性物质，使得活性物质和集流体难以有效分离[1]。

热处理法的优点是操作简单，同时可有效去除石墨及黏结剂，易于大规模生产。但缺点是热处理过程黏结剂和添加剂会生成有害气体，需要添加废气处理装置，处理过程能耗较大。

三、机械分离法

机械分离法是目前工业上普遍使用的方法，该方法易于实现废旧锂离子电池批量化处理。锂离子电池通常由金属外壳、铝箔、铜箔、正极活性物质、负极石墨及有机物组成。其中金属外壳、铝箔、铜箔具有一定金属延展性，因此，废锂离子电池具有较好的选择性破碎性质。锂离子电池经过机械破碎后一般会产生 3 种易于分离的组分：Al 富集组分（ + 2 mm）、Cu 和 Al 富集组分（ - 2 + 0.25 mm）及 Co 和石墨富集组分（ - 0.25 mm），通过选择合适的粒径分离手段就可以实现组分的分离，如图 2-8 所示[2]。机械分离法是目前工业上普遍使用的方法，该方法易于实现废旧锂离子电池批量化处理。法国的 Recupyl 工艺将电池在 CO_2 惰性气体保护条件下进行破碎，破碎后的组分通过物理分选的方法分别分离塑料、不锈钢和铜。国内的动力电池回收企业一般也选择机械分离的方法，预处理的过程是将电池放电、热处理除去有机物后，将电池直接破碎、分选、二次破碎、分选后实现电池材料的富集。

机械分离过程处理的方法效率高、处理量大，能够有效地分离电池组分，实现电池材料的富集，但分离不够彻底。另外，在机械破碎过程中可能会产生大量的粉尘、噪声等污染，破碎过程中电解质 $LiPF_6$ 的分

+2.0 mm   −2.0+1.0 mm   −1.0+0.5 mm   −0.5+0.25 mm

−0.25+0.10 mm   −0.10+0.075 mm   −0.075+0.045 mm   −0.045 mm

图2-8　废锂离子电池机械分离后的颗粒形貌

解及有机物碳酸丙烯酯（PC）和碳酸二乙酯（DEC）的分解也会对环境造成一定的危害。因此，在机械分离过程中污染物的防治需要重点关注。

四、溶剂溶解法

溶剂溶解法是根据相似相容原理采用有机溶剂溶解正极片中的有机黏结剂，从而实现正极材料从集流体铝箔上脱落，排除正极材料回收过程中铝箔集流体的干扰。因此，选择合适的有机溶剂是溶解过程的关键，对于聚偏二氟乙烯（PVDF）黏结剂，采用的有机溶剂主要有N‑甲基吡咯烷酮（NMP）、N，N‑二甲基甲酰胺（DMF）、二甲基乙酰胺（DMAC）和二甲基亚砜（DMSO）等，其中N‑甲基吡咯烷酮（NMP）的分离效果最佳。

当黏结剂为非极性聚合物（如聚四氟乙烯，PTFE），N‑甲基吡咯烷酮（NMP）和N，N‑二甲基甲酰胺（DMF）均不能实现正极材料的分离。对于聚四氟乙烯（PTFE）黏结剂，有研究采用了三氟乙酸（TFA）分离正极废料中的正极活性物质，当使用的三氟乙酸（TFA）的体积分数为15%，固液比为125 g/L，在温度为40 ℃条件下振荡180 min，正极废料中的正极活性物质能够从铝箔上彻底分离[3]。

采用溶剂溶解法可以有效分离正极活性物质和集流体，实现正极材料的富集，但此方法也存在明显的不足。例如，采用 NMP 等有机溶剂溶解黏结剂后分离得到的正极材料颗粒非常细小，给过滤分离带来了一定的难度。同时分离过程所采用的溶剂成本较高，具有一定的毒性，易对环境和人体健康造成威胁。

五、碱液溶解法

铝是一种两性金属，既可以溶于酸也可以溶于碱，而 $LiCoO_2$、$LiFePO_4$、$LiNi_xCo_yMn_{1-x-y}O_2$ 等正极材料不与碱发生反应。因此，可以通过采用 NaOH 碱溶液将正极片上的铝箔溶解，从而实现正极材料的富集。当 NaOH 溶解锂离子电池正极片中的铝箔集流体时，一般有两种物质溶解，即包覆在集流体表面的 Al_2O_3 保护层的溶解及单质铝的溶解[4]：

$$Al_2O_3 + 2NaOH + 3H_2O \rightarrow 2Na[Al(OH)_4] \qquad (2-1)$$

$$2Al + 2NaOH + 2H_2O \rightarrow 2NaAlO_2 + 3H_2 \qquad (2-2)$$

碱液溶解法操作简单，效果较好，能够规模化生产。但铝以离子形式进入溶液中不利于铝的回收，且处理过程中会释放大量的氢气，容易造成爆炸。另外，强碱溶液（NaOH 溶液）会对环境造成一定的危害。

六、手工及其他拆解方法

由于动力电池种类、规格差异，导致难以使用电池包自动化拆解设备，主要以手工拆解或手工 + 半自动化拆解为主。手工拆解的方法具有材料识别度高，分离彻底的优势，但动力电池拆解过程中产生的废气、废液、粉尘等对环境和人体具有严重的危害。另外，手工拆解的处理量小、效率低，不适合工业化规模生产。目前，国内对于动力电池自动化拆解技术仍处于研发阶段，距离工业化应用还有一段距离。据报道，2017 年中航锂电（洛阳）有限公司建成了一套动力电池自动化拆解回收示范线，该示范线可对动力电池中的有价材料进行最大化的回收，其中铜、铝金属回收率达到 98%，正极材料回收率超过 90%。自动化拆解技术比人工拆解方法效率高、处理量大，可连续化生产。另外，其配套的尾气、废液及粉尘处理设备能够很好地解决拆解过程中潜在的环境污染问题。但自动拆解技术的主要缺点是原料适应性差和前期设备投资大。

几种预处理方法的优缺点对比如表2-3所示。

表2-3 预处理方法的对比

预处理方法	优势	缺点
热处理法	操作简单，处理量大	能耗高，设备投资大，排放废气
机械分离法	操作简单，易于工业化生产	噪声、粉尘污染，有毒气体排放，组分分离不彻底
物理溶解法	组分分离效率高	固液分离困难，溶剂成本高，具有毒性，环境污染严重
碱液溶解法	操作简单，分离效率高	铝回收困难，产生氢气，易爆炸，耗碱量大，碱性废水排放
人工拆解	材料识别度高，组分分离彻底	效率低，污染严重，对人体危害大
机械拆解	处理效率高，连续化作业，易于实现组分分离	设备投资大，原料适应性差

第三节　金属再生

目前，国内外相关报道中最多的是资源再生技术，废旧动力电池金属再生同样是湿法、火法冶金技术并存，也有的采用二者相结合的方法。废旧动力电池中钴、镍、锰附加值高，其高效绿色再生技术是相关领域研究的热点之一，相关研究报道较多，锂含量低、市场价格相对较低，开展锂再生技术研究较前述3种金属少。资源再生技术报道较多，且每种技术都有其优点，诸如：在电极金属浸提方面，用NMP（N-甲基吡咯烷酮）浸泡正极，使正极集流体与表面材料剥离，直接回收铝；正负极材料中温热解去除电解液和碳，热解残渣湿法再生回收金属；在溶液中金属离子分离方面，采用酸碱中和沉淀、P204除杂/P507萃取等方法均有报道；由于存在电解液等处理问题，目前骨干企业倾向于火法与湿法相结合的工艺。仅从金属再生角度考虑，现有的冶金技术可以有效地解决金属再生，关键是要解决好由电池包中拆解后的单体电芯的预处理工序。该环节涉及电解液、杂质金属、低值金属等多方面的问题。从技术角度来说，金属再生工艺会根据物料及技术的实际情况有所变化，目前包括产业化的技术主要是基于火法或湿法冶金。

一、火法冶金技术

火法冶金技术是利用高温从矿石或二次资源中提取金属或金属化合物的冶金过程。其具有操作简单、处理量大等优点，已经被广泛应用于从废锌锰干电池、镍铬电池及废弃电路板等二次资源中回收锌、镍、镉、铜等有价金属。典型的火法工艺是采用高温还原熔炼的方法将废锂离子电池中的镍和钴以合金的形式回收。以优美科工艺（图2-9）为例，该工艺将废旧电池直接投入熔炼炉中在1200～1450 ℃进行还原熔炼。电池中的塑料、溶剂、有机物及石墨等材料在高温条件下燃烧并提供热量，钴、镍和铜被还原熔炼并以合金的形式被回收。这种工艺不需要将废锂离子电池进行预处理，能够有效地回收钴、镍和铜合金，但是容易造成锂和铝等金属的损失。在典型的火法冶金回收工艺过程中，金属锂通常进入炉渣或炉尘中，需要进一步的处理，通常采用硫酸浸出的方法回收炉渣或炉尘中的金属锂。

近年来，为解决火法回收过程中锂的回收难点，碳热还原的方法回收废锂离子电池中的有价金属受到了一定的关注。碳热还原的方法是采用负极石墨或外加碳源将正极材料还原为金属氧化物、单质金属或碳酸锂。一种方法是将焙烧产物直接通过水浸出回收碳酸锂，然后采用磁选的方式分离单质金属和石墨[5]。但由于碳酸锂的溶解度较小，通常得到的含锂溶液浓度较低。另一种方法是通过碳化水浸的方法将溶解度较低的碳酸锂转化为溶解度高的碳酸氢锂，然后通过高温水解碳酸氢锂的方式回收碳酸锂，其他金属以氧化物的形式进入浸出渣中[6]。火法冶金工艺的优点在于流程短、操作简单，然而火法冶金技术目前依旧面临着能耗和环境污染方面的挑战。

二、湿法冶金技术

与火法冶金过程相比，湿法冶金技术具有金属回收率高、能耗低、

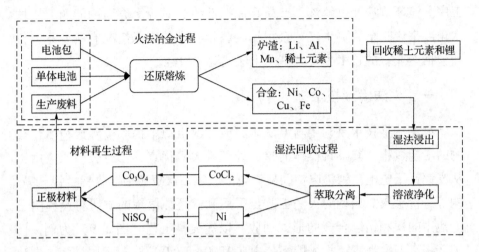

图 2-9　优美科回收技术路线

建设投资少、产品附加值高等优点，因此，在废旧动力电池工业化应用方面有着巨大的潜力。然而，原材料的适应性是湿法回收过程需要面临的一个实际问题。湿法冶金过程中常用的方法主要有浸出、萃取、沉淀等方法。

（一）浸出

浸出是湿法冶金技术的核心过程，通过浸出可以将正极材料中的金属组分转移到溶液中，然后再通过溶剂萃取、化学沉淀、电化学等方法将溶液中的金属回收。浸出过程可以分为化学浸出和生物浸出，其中化学浸出主要采用无机酸或有机酸作浸出剂，在还原剂存在的条件下，溶解正极材料中的有价金属组分；生物浸出是利用具有特殊选择性的微生物的代谢过程来实现对有价金属组分的浸出。

1. 化学浸出

废锂离子电池中金属组分的浸出多采用盐酸（HCl）、硫酸（H_2SO_4）和硝酸（HNO_3）等无机酸。虽然采用无机酸作为浸出剂浸出废锂离子电池中的金属组分时能够实现金属组分的高效浸出，但也出现了二次污染排放（Cl_2、SO_3 和 NO_x）及分离纯化步骤复杂等缺点。表 2-4

给出了废旧锂离子电池化学浸出的工艺条件及参数。以 $LiCoO_2$ 为例，采用 HCl、H_2SO_4 和 HNO_3 作为浸出剂，浸出过程主要发生如下反应：

$$2LiCoO_{2(s)} + 8HCl_{(aq.)} \longrightarrow 2LiCl_{(aq.)} + 2CoCl_{2(aq.)} + 4H_2O + Cl_{2(g)} \quad (2\text{-}3)$$

$$4LiCoO_{2(s)} + 12HNO_{3(aq.)} \longrightarrow 4LiNO_{3(aq.)} + 4Co(NO_3)_{2(aq.)} + 6H_2O + O_{2(g)}$$
$$\quad (2\text{-}4)$$

$$4LiCoO_{2(s)} + 6H_2SO_{4(aq.)} \longrightarrow 2Li_2SO_{4(aq.)} + 4CoSO_{4(aq.)} + 6H_2O + O_{2(g)}$$
$$\quad (2\text{-}5)$$

表 2-4　废旧锂离子电池及其废料中金属的浸出参数

正极材料	酸浓度	固液比/ $g \cdot L^{-1}$	还原剂浓度/ %（体积分数）	$T/\text{℃}$	时间/min	浸出率/%
混合电池粉末	H_2SO_4 2mol $\cdot L^{-1}$	100	H_2O_2,4	70	120	Mn 97.8%，Ni 99.4%，Co 99.6%，Li 98.8%，Al 97.8%，Cu 64.7%
$LiCoO_2$	草酸 1 mol $\cdot L^{-1}$	50		80	120	Li 98%，Co 68%
$LiCoO_2$	DL - 苹果酸 1.5 mol $\cdot L^{-1}$	20	H_2O_2,2	90	40	Li 100%，Co 90%
$LiCoO_2$	抗坏血酸 1.25 mol $\cdot L^{-1}$	25		70	20	Li 98%，Co 95%
$LiCoO_2$	丁二酸 1.5 mol $\cdot L^{-1}$	15	H_2O_2,4	70	40	Li 95.97%，Co 99.98%
$LiCoO_2$	柠檬酸 1.25 mol $\cdot L^{-1}$	20	H_2O_2,1	90	30	约 Li 100%，Co 90%
$LiCoO_2$	天冬氨酸 1.5 mol $\cdot L^{-1}$		H_2O_2,4	90	120	Li 60%，Co 60%
	苹果酸 1.5 mol $\cdot L^{-1}$	20	H_2O_2,2	90	40	Li 100%，Co 90%

正极材料	酸浓度	固液比/ $g \cdot L^{-1}$	还原剂浓度/ %（体积分数）	$T/℃$	时间 /min	浸出率/%
$LiCoO_2$	HCl 4 mol·L^{-1}	100		80	60	>99%
$LiCoO_2$	HNO_3 1 mol·L^{-1}	20	H_2O_2,1.7	75	30	>95%
$LiMnO_2$	HNO_3 2 mol·L^{-1}			80	60	
$LiCoO_2$	H_2SO_4 2 mol·L^{-1}	100	H_2O_2,6	60	60	Li 94%,Co 98%
$LiCoO_2$	H_2SO_4 2 mol·L^{-1}	50	H_2O_2,5	80	60	>99%
混合电极 材料	H_2SO_4 8%（体积分数）	20	H_2O_2	80	—	Co 37%,Cu 1%, Al 85%,Li 55%

在这 3 种无机酸中，HCl 的浸出效果大于 H_2SO_4 和 HNO_3，这是由于 HCl 具有一定的还原性能。因此，在浸出过程中引入还原剂会促进有价金属的浸出。当浸出过程中引入 H_2O_2、Na_2SO_3 或 $NaHSO_3$ 等作为还原剂时，Co^{3+} 被还原为更加易溶解的 Co^{2+}，使浸出反应的动力学和浸出率得到明显的提高。当溶液中还原剂的浓度增加，Co 和 Li 的浸出率会随着浓度的增加先逐渐地增加，然后达到平台后 Co 和 Li 的浸出将不再增加。以 $LiCoO_2$ 为例，当采用 H_2O_2 作为还原剂时，其浸出反应如下：

$$2LiCoO_{2(s)} + 3H_2SO_{4(aq.)} + 2H_2O_{2(ap.)} \rightarrow Li_2SO_{4(aq.)} +$$
$$2CoSO_{4(ap.)} + 5H_2O + 1.5O_{2(g)} \qquad (2-6)$$

为解决盐酸（HCl）、硫酸（H_2SO_4）和硝酸（HNO_3）等无机酸在浸出过程中存在的环境问题，许多有机酸如柠檬酸、天冬氨酸、苹果酸、草酸、抗坏血酸、乙酸和甘氨酸等被用作浸出剂提取废锂离子电池中的金属组分。采用柠檬酸浸出反应的机理如下式：

$$24LiNi_{1/3}Co_{1/3}Mn_{1/3}O_{2(s)} + 24H_3Cit_{(ap.)} + C_6H_{12}O_{6(ap.)} \rightarrow$$
$$8Li_3Cit_{(ap.)} + 8/3Ni_3(Cit)_{2(ap.)} + 8/3Co_3(Cit)_{2(ap.)} +$$
$$8/3Mn_3(Cit)_{2(ap.)} + 42H_2O + 6CO_{2(g)} \qquad (2-7)$$

相关研究表明，当采用柠檬酸作为浸出剂时，Co 的浸出率比采用盐酸和硫酸作为浸出剂时高，而 Li 的浸出效果则基本相同。很多有机酸的浸出反应过程与柠檬酸具有相似的反应过程，但有机酸的性质不同可能导致其在浸出过程中的作用会有所不同。例如，抗坏血酸既可以作为浸出剂也可以作为还原剂。当采用抗坏血酸作为浸出剂时，一方面，$LiCoO_2$ 中的 Li 溶解于抗坏血酸形成 $C_6H_6O_6Li_2$，另一方面，Co^{3+} 被抗坏血酸（$C_6H_8O_6$）还原为 Co^{2+}。Co 和 Li 的浸出效果能达到 94.8% 和 98.55%。浸出过程的反应如下：

$$2LiCoO_{2(s)} + 4C_6H_8O_{6(aq.)} \rightarrow C_6H_6O_{6(aq.)} + C_6H_8O_6Li_{2(aq.)} +$$
$$2C_6H_6O_6Co_{(ap.)} + 4H_2O \tag{2-8}$$

当采用草酸作为浸出剂时，草酸在浸出过程中既是浸出剂又是还原剂，同时由于 $CoC_2O_4 \cdot 2H_2O$ 的溶解度低，浸出过程产生的 Co^{2+} 会与 $C_2O_4^{2-}$ 生成沉淀。因此在浸出过程中，通过控制草酸用量，Co 和 Li 的浸出率可以达到 97% 和 98%，且浸出的 Co 又生成 $CoC_2O_4 \cdot 2H_2O$ 沉淀从而实现 Co 和 Li 的分离。当草酸作为浸出剂其反应过程如下：

$$2LiCoO_{2(s)} + 5H_2C_2O_{4(aq.)} \rightarrow 2LiHC_2O_{4(aq.)} + 2CoC_2O_{4(s)} + 4H_2O + 2CO_{2(g)} \tag{2-9}$$

图 2-10[7] 总结了研究中采用不同酸浸出过程中固液比与酸浓度之间的关系。从图中可以明显地看出，有机酸虽然能够在一定程度上有效地浸出正极材料中的有价金属元素，但其处理能力比无机强酸硫酸、盐酸小。从工业生产的处理能力来看，采用硫酸浸出符合生产需求。因此，工业上多采用硫酸作为浸出剂来处理废锂离子电池正极材料。

除了采用酸性体系浸出废锂离子电池中的有价金属，碱性体系（氨水－铵盐体系）也被用于选择性浸出废锂离子电池中的有价金属元素。当采用 $NH_3-(NH_4)_2SO_4$ 体系浸出正极材料时，Li、Ni 和 Co 进入溶液中，而 Al、Fe 和 Mn 等金属则残留在渣中[8]。这是由于 Ni 和 Co 能够在氨水－铵盐体系中形成稳定的络合物，而 Al、Fe 和 Mn 在氨水－铵盐体系中不能形成稳定的络合物，最终从溶液中沉淀出来，从而实现金属的选择性提取。但是由于正极材料中 Co 和 Ni 通常处于高价态，采用氨水－铵盐体系很难将其溶解，因此，浸出过程中碱性体系还原剂如 $(NH_4)_2SO_3$ 必不可少。

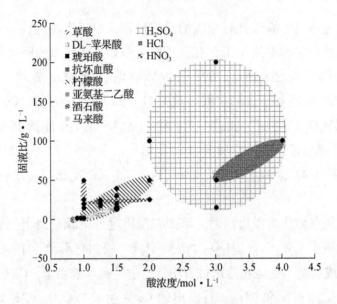

图2-10　浸出过程固液比与酸浓度的关系

2. 生物浸出

生物浸出技术具有回收率高、成本低、设备投资小等优点，使其在废旧动力电池回收领域受到了广泛的关注。生物浸出过程利用微生物代谢过程中产生的有机酸或无机酸溶解废旧动力电池中的有价金属组分。氧化亚铁硫杆菌对金属硫化矿具有较好的氧化能力，被广泛应用于金属硫化矿的浸出过程。当采用氧化亚铁硫杆菌浸出 $LiCoO_2$ 时，浸出过程中 Co 的浸出速率比 Li 的浸出速率高。其中 Fe^{2+} 的浓度越高，金属的溶解速率越低。这是由于反应过程中形成的 Fe^{3+} 很容易从溶液中沉淀出来。为了提高氧化亚铁硫杆菌作为菌种时的浸出率，引入了 Cu^{2+} 作为催化剂，在 Cu^{2+} 浓度为 0.75 g/L，浸出 6 天后，Co 的浸出率可达到99%，而没有 Cu^{2+} 参与浸出时，浸出 10 天 Co 的浸出率仅为 43.1%[9]。通过研究发现氧化亚铁硫杆菌和氧化硫杆菌浸出废锂离子电池中的 Co 和 Li 时，Li 在硫作为能源时浸出率最高达到80%，这是由于细菌代谢过程中将硫转化为硫酸，产生的硫酸可以溶解钴酸锂[10]。与 Li 不同，Co 的浸出是由于酸溶解是由 FeS_2 与 Fe^{3+} 反应生成的 Fe^{2+} 的还原共同作用，即难溶 Co^{3+} 首先被氧化还原产生的 Fe^{2+} 还原为易溶的 Co^{2+} 之后再被酸溶解进入溶液中。所以，Co 在 FeS_2 和 S 作为能源时及较高的 pH 条件下浸出率最高，可达到 90%[11]。

生物浸出处理废锂离子电池成本低、条件温和、操作简单，但是存在菌种处理周期长、菌种培养困难等缺点。目前，生物浸出处理废锂离子电池还处于实验室研究阶段。

（二）溶剂萃取法

酸浸后的溶液中通常会含有多种金属离子，通常含有 Li、Ni、Co、Mn、Al 等金属离子。为了实现浸出液中金属组分的分离与回收，溶剂萃取法是一种常用的处理方法。溶剂萃取法通常采用特定的有机溶剂与溶液中金属 Ni、Co、Cu 或 Mn 等形成配合物，对溶液中的 Li、Co 和 Ni 等进行分离和回收，也可以用来除去溶液中少量的杂质金属离子。常用的萃取剂有 D2EHPA、PC‑88A、Cyanex272 及 TOA 等。

研究发现，在萃取过程中，平衡 pH 对不同金属萃取的影响十分显著，见图 2‑11[12]。例如，D2EHPA 对 Cu 和 Mn 具有优良的萃取性能，但是当平衡 pH 在 2.2～3.0 时，它对 Co 的萃取选择性降低。当溶液的 pH 升高时，D2EHPA 对 Co 的萃取效率也随着增加。图 2‑11 是 pH 对不同萃取剂萃取金属的影响，从图中可以看出不同萃取剂分离 Co 和 Ni 的

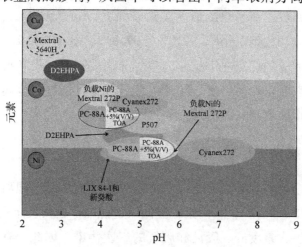

图 2‑11　pH 对不同萃取剂的萃取影响

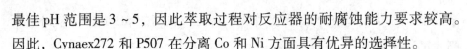

最佳 pH 范围是 3 ~ 5，因此萃取过程对反应器的耐腐蚀能力要求较高。因此，Cynaex272 和 P507 在分离 Co 和 Ni 方面具有优异的选择性。

溶剂萃取法具有操作简单、能耗低、分离效率高、产品纯度高等优点。但是萃取过程中使用的萃取剂价格昂贵，对环境具有一定的危害，所以处理成本相对较高。

（三）化学沉淀法

化学沉淀法一般用于浸出液除杂或者产品制备。化学沉淀法是向浸出液中添加合适的沉淀剂使溶液中的目标金属离子与沉淀剂发生反应并产生沉淀。化学沉淀过程中通常采用的沉淀剂有氢氧化钠、碳酸钠、草酸铵、高锰酸钾等。废锂离子电池浸出液中通常含有 Li、Ni、Co、Mn 等有价金属离子，同时也含有 Al、Fe 及 Cu 等杂质金属离子。因此，为实现金属组分的分离与回收，沉淀剂的选择和沉淀条件是化学沉淀的关键。

基于化学沉淀的方法，国内研究者采用 $KMnO_4$ 溶液选择性分离和沉淀 Mn^{2+}，约有 99.2% 的 Mn^{2+} 以 MnO_2 和 Mn_2O_3 的形式被去除和沉淀下来。然后再以负载 Ni 的 Mextral® 272P 作为新的萃取剂分离回收浸出液中的 Co^{2+}。最后，分别使用 NaOH 和 Na_3PO_3 溶液相继沉淀浸出液中剩余的 Ni^{2+} 和 Li^+，经过滤和干燥后 Ni^{2+} 和 Li^+ 分别以 Ni（OH)$_2$ 和 Li_3PO_4 的形式得以回收。在各自的最优实验条件下，Cu、Mn、Co、Ni 和 Li 的回收效率可分别达到 100%、99.2%、97.8%、99.1% 和 95.8%。[13]

化学沉淀法的优点在于操作简单、分离效果好、设备要求低，但是其对工艺参数要求较为严格，同时沉淀过程中可能导致金属离子的夹杂与吸附，操作回收产品纯度低，金属损失率高。

三、直接再生技术

火法冶金技术和湿法冶金技术虽然可有效地从废旧锂离子电池中提取 Li、Ni、Co、Mn 等金属元素，但回收过程中存在回收流程长，试剂消耗量大，产生大量废渣、废液和废气的二次污染。因此，有研究者对失效的锂离子电池正极材料直接修复，得到了化学性能优异的正极材料，这些研究对锂离子电池的回收提供了新的思路。正极材料的直接再生技术过程需要将废旧动力电池经过简单的预处理过程，分离得到正极材料和其他组分，然后将正极材料进行修复与改性处理得到再生的电极材料，其过程如图 2-12 所示。

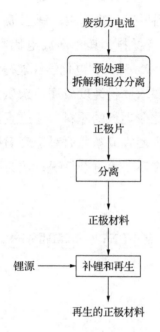

图 2-12　直接再生技术流程

目前直接再生的研究主要针对钴酸锂和磷酸铁锂材料，三元正极材料的直接再生研究较少。对于 $LiCoO_2$ 正极材料的直接再生，通常将预处理得到的 $LiCoO_2$ 作为原料，通过补加一定量的 Li_2CO_3 作为锂源，球磨混匀后在 750～950 ℃条件下通过高温固相法再生 $LiCoO_2$，再生后的 $LiCoO_2$ 仍具有较好的电化学性能[14]。除了采用高温固相法修复与再生，还可以通过水热法再生 $LiCoO_2$ 正极材料。Kim 等人[15] 将破碎的正极废料直接放置于盛有浓 LiOH 溶液的不锈钢高压反应器中，然后在 200 ℃条件下进行水热反应修复并分离 $LiCoO_2$ 正极材料。虽然 $LiCoO_2$ 正极材料并未完全分离，但修复后的 $LiCoO_2$ 正极材料具有良好的性能。由于 $LiFePO_4$ 正极材料中的铁是 +2 价的，因此在材料修复过程中需要防止

+2 价的铁被氧化为 +3 价的铁。Zhang 等人[16]将预处理分离后的 $LiFePO_4$ 正极材料补加适量的 Li_2CO_3 后在 H_2/Ar（其中 H_2 含量为 5%）气氛下进行煅烧，升温速度为 2 ℃/min，煅烧温度为 650 ℃，煅烧时间为 1 h；将煅烧后的正极材料用去离子水进行洗涤、抽滤，洗掉多余的 Li_2CO_3，干燥后即可得到再生后的磷酸铁锂正极材料。通过直接再生技术修复后的磷酸铁锂正极材料，其首次放电比容量可达 140.4 mAh/g，100 圈后循环保持率高达 95.32%，电化学性能得到提升。

直接再生技术一般要求原料纯度较高、杂质含量少。因此，电池生产过程中的生产废料是比较理想的原料。通过直接再生过程可以缩短正极材料的回收路径，减少回收成本。而对于废旧锂离子电池，其原料成分多样及材料的失效程度不一等复杂情况，成为限制正极材料直接再生技术产业化的重要因素。

第四节　污染防治

一、环境风险

废旧动力电池回收处理过程贯穿着一系列环境风险，具体包括：①回收贮存过程安全风险构成潜在环境风险；②拆解及再组装过程安全风险构成潜在环境风险；③梯次利用过程安全风险构成潜在环境风险；④预处理及金属再生过程的污染物排放风险。前 3 个方面的潜在环境风险是相似的，废旧动力电池回收、贮存、拆解、再组装及梯次利用过程存在安全风险，一旦该环节发生电解液泄漏、爆炸或者是火灾，都可能产生污染物，存在安全风险转化为环境风险隐患。废旧动力电池的预处理及其资源再生过程，都会产生粉尘、废气、废液、废渣、噪声，与其他废物资源化过程相似，在废旧动力电池回收处理过程的资源再生或制品生产环节同样会产生污染物，这既包括电解液等动力电池本身所含有的有机物向环境排放转化为污染物，也有大量的预处理或金属再生过程产生的污染物，即存在二次污染风险。废旧动力电池回收处理过程环境风险管理必须从其自身组成物质的环境风险和二次污染环境风险两个方面来考虑。

（一）电解液潜在环境风险

动力电池电解液由电解质、溶剂和添加剂组成。电解质通常为锂盐，主要是六氟磷酸锂（$LiPF_6$）、高氯酸锂（$LiClO_4$）、四氟硼酸锂（$LiBF_4$）、六氟砷酸锂（$LiAsF_6$）。溶剂通常为碳酸二甲酯（DMC）、碳酸二乙酯（DEC）、碳酸甲乙酯（EMC）、碳酸甲丙酯（MPC）、碳酸乙烯酯（EC）和碳酸丙烯酯（PC）等。添加剂主要为成膜添加剂、导电添加剂、阻燃添加剂、过充保护添加剂等。在探讨回收过程中电解液所产生的污染时，我们主要考虑电解质和溶剂及其分解产物，其特征污染物如表2-5和表2-6所示。

表2-5列出了动力电池电解液中主要电解质的类型及其潜在环境风险。从表2-5可知，电解质的潜在环境风险因其种类不同而异。其中，$LiPF_6$很容易与水反应，分解产生PF_5等腐蚀性气体；$LiClO_4$、$LiBF_4$则是高度易燃，同时对眼睛、皮肤、呼吸系统有刺激性；$LiAsF_6$还会对水生生物产生很大的毒性。从表2-5还可以看出，无论哪种电解质都会对人体健康构成威胁，这就要求涉及电解液处理的工艺环节需对其进行收集处理，同时从事人员要采取必要的防护措施，以降低电解液导致的健康风险。

表2-5 动力电池电解液中的电解质及其潜在环境风险

电解质名称	物理、化学性质	环境风险
$LiPF_6$	白色结晶或粉末；潮解性强，易溶于水，还溶于低浓度甲醇、乙醇、丙醇、碳酸酯等有机溶剂；暴露空气中或加热时分解	在空气中由于水蒸气的作用而迅速分解，放出PF5而产生白色烟雾；对眼睛、皮肤，特别是对肺部有侵蚀作用
$LiClO_4$	白色粉末或正交结晶；有潮解性；在450℃时迅速分解为LiCl和O_2；易溶于水、醇、丙酮、乙醚、乙酸乙酯	高度易燃，与易燃物接触容易引发火灾；对眼睛、皮肤，特别是对呼吸系统有刺激性；吸入或吞食有害

续表

电解质名称	物理、化学性质	环境风险
$LiBF_4$	白色粉末；易潮解，易与玻璃、酸和强碱反应，与酸反应释放有毒气体 HF	高度易燃，与酸接触释放有毒气体；对眼睛、皮肤，特别是对呼吸系统有刺激性；吸入、吞食和皮肤接触有害
$LiAsF_6$	白色粉末；潮解性强，易溶于水，与酸反应可产生有毒气体 HF、砷化物等	对眼睛、皮肤，特别是对肺部有侵蚀作用；对水生生物毒性极大，可对水体造成长期污染

　　表2-6列出了动力电池电解液中主要有机溶剂种类及其潜在环境风险。这6种有机溶剂均存在吸入、皮肤接触及吞食有害，对眼睛或呼吸系统和皮肤有刺激性等潜在的环境污染风险。碳酸甲乙酯（EMC）还存在吸入后引起头痛、头昏、虚弱、恶心、呼吸困难等环境污染风险。与表2-5所述的电解质类似，表2-6中的6种有机溶剂都存在潜在的人体健康安全风险。由此可见，废旧动力电池环境风险管理的重点之一就是首先要解决好电解液处理问题，既要考虑收集、处理，也要考虑到从事人员的健康风险。

表2-6　动力电池电解液中有机溶剂及其环境风险

有机溶剂名称	物理、化学性质	环境风险
碳酸二甲酯（DMC）	无色透明液体，有刺激性气味；不溶于水，溶于醇、醚等有机溶剂；易燃，与空气混合，能形成爆炸性混合物	吸入、摄入或经皮肤吸收后对身体可能有害；对皮肤有刺激作用，其蒸气或烟雾对眼睛、黏膜和上呼吸道有刺激作用
碳酸二乙酯（DEC）	无色透明液体，微有刺激性气味；不溶于水，溶于醇、醚等有机溶剂；与酸、碱、强氧化剂、还原剂发生反应；通风干燥保存	吸入、皮肤接触及吞食有毒；对眼睛、呼吸系统和皮肤有刺激性

续表

有机溶剂名称	物理、化学性质	环境风险
碳酸甲乙酯（EMC）	无色透明液体，略有芳香气味；不溶于水，溶于醇、醚等有机溶剂；化学性质不稳定，易分解成醇和二氧化碳	吸入后引起头痛、头昏、虚弱、恶心、呼吸困难等；对眼睛有刺激性；口服刺激胃肠道；皮肤长期反复接触有刺激性
碳酸甲丙酯（MPC）	无色透明液体；不溶于水，溶于醇、醚等有机溶剂	吸入、皮肤接触及吞食有毒；对呼吸系统和皮肤有刺激性作用
碳酸乙烯酯（EC）	室温时，为无色针状或片状晶体；易溶于水及有机溶剂；与酸、碱、强氧化剂、还原剂发生反应	对呼吸系统和皮肤有刺激作用；存在严重损害眼睛的风险
碳酸丙烯酯（PC）	无色无臭或淡黄色透明液体；易燃；与乙醚、丙酮、苯、氯仿、醋酸乙烯等互溶，溶于水和四氯化碳；对二氧化碳的吸收能力很强	吸入、摄入或经皮肤吸收后对身体有害；对眼睛、皮肤有刺激作用

（二）预处理及金属再生过程环境风险

火法和湿法处理工艺中，若不考虑电解液回收处理，会给生产带来极大的安全隐患，还会产生严重的环境污染。以电解质锂盐 $LiPF_6$ 分解为例，表2-5列出了 $LiPF_6$ 及其分解过程产生的污染物。火法处理时电解液有机溶剂将挥发或燃烧分解为水气和 CO_2 排放，而 $LiPF_6$ 暴露在空气中加热，会迅速分解出 PF_5 气体，最终形成含氟烟气和烟尘向外排放。湿法在使用碱性溶液溶解集流体铝箔或酸性溶液溶解正极活性物质时，都能将电解质锂盐分解于溶液中，达到去除的目的。湿法处理时，HF 和 PF_5 极易在碱溶过程中生成可溶性氟化物，造成水体的氟污染。含氟废气与废水通过环境中的转化和迁移，直接或间接危害人体。

利用火法和湿法技术回收废旧动力电池的过程中，会产生一系列污染物，对环境造成严重的二次污染。表2-7详细列出了回收过程中所产生的特征污染物，包括废旧动力电池拆解过程中产生的粉尘，焙烧过程中产生的含氟气体及浸出过程中产生的废酸液、废碱液、浸出酸雾、废萃取液和重金属废渣等。还包括电池中的其他废料，如废电解液、废有机隔膜、废黏结剂等。以上污染物会对水体及土壤造成严重污染，尤其是含氟电解液及其分解产物对人体和环境危害巨大。

表2-7 火法和湿法回收金属过程潜在环境风险

过程产物	代表物	环境风险
破碎粉尘	电池破碎过程中所产生的有机颗粒、无机颗粒等	易造成粉尘爆炸
含氟气体	HF、PF_5	电解液挥发造成氟污染
废电解液	$LiPF_6$ 等	遇水形成 HF，易挥发，造成氟污染
废有机隔膜	聚乙烯、聚丙烯等	热解后产生大量有机气体
废黏结剂	聚偏氟乙烯、聚四氟乙烯等	热解后产生大量有机气体和含氟气体
废酸液	H_2SO_4、HCl 等	对水体、土壤造成严重污染
废碱液	NaOH 等	对水体、土壤造成严重污染
浸出酸雾	H_2SO_4、HCl 酸雾等	给操作人员带来严重危害，对水体、土壤造成严重污染
废萃取液	浸出后，含有大量有机物的萃取废液	对水体、土壤造成严重污染
重金属废渣	浸出后，含有 Ni、Co、Mn、Cu 等重金属元素的固体残留物	对水体、土壤造成严重污染

利用火法和湿法处理废旧动力电池，实现了对金属元素的回收，但同时也产生了诸多污染物，对人体、水体和土壤造成严重危害。长期以来，我国环境保护一直是重视水气、轻固废的局面，实际上固废本身一般不会直接对人体健康产生威胁，但是固废中的一些污染物会通过水、气介质对人体造成伤害，废旧动力电池回收处理过程的废渣需严格按照国家相关要求，选择适宜处理技术处理，不能随意丢弃或排放。因此，

未来需针对废旧动力电池，开发出更加绿色、清洁、可持续的回收再生技术，在回收金属元素的同时，能够有效降低二次污染物的产生，实现良好的环境效益和经济效益。

二、废旧动力电池回收处理过程污染预防

（一）回收运输贮存过程污染预防

动力电池报废是以电池包的形式整体报废的，因此回收时首先要检查是否存在破损、废电池包是否有泄漏、有无异味等，根据其破损与否分别收集。未破损、无泄漏、无异味的可按正常的电池包进行运输、贮存管理，重点针对已破损或发生泄漏、有异味的废旧动力电池包，搬运时需轻拿轻放、严禁发生剧烈碰撞，运输已破损或产生泄漏的动力电池时，运输车辆应该具备一定的防爆能力，车内要有固定电池包、严防运输过程其互相发生碰撞的措施，最好能按电池包逐块固定。企业贮存废旧动力电池包时要分区贮存，对已发生破损、泄漏、有异味的要进行重点管理，库房应具备一定的废气收集处理能力，且应尽快处理。控制了回收、运输过程的安全风险，也就间接地控制了该过程潜在的环境风险。

（二）预处理过程污染预防

预处理过程污染防控重点之一就是电解液处理。废旧动力电池破碎后会直接产生有机污染物，需要在该工艺环节收集废气并进行处理。采用物理方法回收废电解液是一种有效的手段，但是回收的电解液、电解质如果要再应用于动力电池，则需要进一步提纯净化处理，难点在于不同动力电池生产企业的电解液物质组成、比例存在一定的差异，回收后不仅需要净化、提纯，还需要根据用户需求调整电解质和有机溶剂。当采用热处理等方法进行处理时，其处理产物则因具体处理技术工况条件而变化。

参考前述废旧动力电池典型预处理流程，预处理过程包括盐水放电、高温热处理、磁选除铁、粒度分选、密度分选等环节。盐水放电时，重

点针对 LiPF$_6$ 遇水分解产生 PF$_5$、水溶性有机溶剂进入盐水中、不溶于水的有机溶剂有可能扩散到空气中等问题，加强盐水放电工艺环节的废气、废盐水处理，废气处理应参考其他行业同类废气处理技术，废高盐水处理不仅要考虑阳离子，也要关注阴离子，无论是否有相关阴、阳离子排放限制标准及具体指标要求，相关企业都应根据潜在污染物的种类、浓度采取相应的减排控制措施，利用标准不健全的空子进行污染物转移行为必将受到惩罚。

高温热处理环节可能产生的污染物集中在废气、废油中。由于目前缺乏相关详细研究报道，尚无法确认具体污染物的种类和排放浓度，但是根据废旧动力电池材料及其物质组成推测，烟气中可能会含有氟、挥发性有机污染物（VOCs）、重金属，应对其进行污染控制。烟气处理可参考表 2-8 所列技术进行，后续除尘、急冷、碱喷淋、除雾等处理后高空排放。密度分选工艺环节，如果使用表面活性剂等化学品，则需关注排放废水中 COD（化学需氧量）、盐浓度及悬浮颗粒物，分选工艺最终排放的废水须达标排放。

表 2-8　常用 VOCs 处理技术适用条件

序号	处理方法	浓度/mg·Nm^{-1}	排气量/Nm^3·h^{-1}	温度/℃
1	吸附回收技术	$100 \sim 1.5 \times 10^4$	$< 6 \times 10^4$	<45
2	预热式催化燃烧技术	$3000 \sim 1/4$ LEL	$< 4 \times 10^4$	<500
3	蓄热式催化燃烧技术	$1000 \sim 1/4$ LEL	$< 4 \times 10^4$	<500
4	预热式热力焚烧技术	$3000 \sim 1/4$ LEL	$< 4 \times 10^4$	<700
5	蓄热式热力焚烧技术	$1000 \sim 1/4$ LEL	$< 4 \times 10^4$	<700
6	吸附浓缩技术	< 1500	$10^4 \sim 1.2 \times 10^5$	<45
7	生物处理技术	< 1000	$< 1.2 \times 10^5$	<45
8	冷凝回收技术	$10^4 \sim 10^5$	$< 10^4$	<150
9	等离子体技术	< 500	$< 3 \times 10^4$	<80

（三）金属再生过程污染预防

有的企业把高温热处理作为预处理，也有的企业把拆解后的电芯等直接进行焙烧处理，焙烧处理过程潜在污染类似于高温热处理，其预防参照前述内容。即使采用高温预处理或焙烧处理，其获得产物也需采用湿法冶金技术进行金属再生。湿法冶金作为废旧动力电池金属再生的主要技术手段之一，其生产过程主要污染物有酸雾、废液、废渣。浸出槽酸雾可采用集气罩收集，收集酸雾废气可采用喷淋等方式进行处理。浸提废液中多数含废酸或废碱，同时也会含有重金属，采用萃取分离技术时会产生废萃取剂，这些废液已列入国家危险废物名录。按相关环境管理要求，生产企业可按要求自行处理，如不具备自行处理能力需交给相应有资质企业进行处理。

反应废渣也属于危险废物，具体重点控制污染物需根据废渣中污染物组成和含量来定。硫酸浸出工艺浸出渣中有少量金属，同时还有硅、氟等元素，浸出渣按危险废物处置，暂存在企业危废暂存库中，定期交由有资质的危废处置单位处置。硫酸浸出稀土时稀土进入浸出液中，为了去除浸出料液中的稀土杂质，采取硫酸钠盐沉淀的方法去除，稀土复盐沉淀渣经板框压滤后暂存在企业危废暂存库中，定期交由有资质的危废处置单位处置。为了去除浸出料液中的铁、锰等杂质，采取氧化、沉淀的方法去除，除铁、锰渣按危险废物处置，暂存在企业危废暂存库中，定期交由有资质的危废处置单位处置。对含油废水先采用隔油措施处理，隔油渣属危险废物，按废矿物油进行处理和管理。

（四）其他污染预防

除前述典型工艺环节外，废旧动力电池处理企业也会产生废水、废渣。生产废水主要有：预处理工段产生的除铝废水、萃取除杂废水、萃取分离废水、焙烧烟气处理产生的废水、酸雾工艺废气喷淋处理产生的含酸废水、酸雾工艺废气碱液喷淋处理产生的浓盐水等。这些生产废水通过酸碱中和沉淀处理后，进一步采用曝气、氧化、絮凝沉淀等方法进行处理，处理废水达到相关排放要求后进入污水处理厂或市政收集管网。自行处理废水且直接排放的企业执行《污水综合排放标准》，处理废水进入城市管网企业执行《污水排入城市下水道水质标准》。目前，上述标准重点针对 COD（化学需氧量）、氨氮、重金属等常规污染物提出排放限制要求，对于钠、钙、镁等阳离子，氯、氟等阴离子的排放浓度没有提出相关要求，该标准并不完全符合动力电池回收处理产业，相关控制指标未能充分反映行业特色，实际上如果废水中这些离子浓度过高，则存在对地下水潜在污染的风险，需考虑其减排控制。

废旧动力电池拆解过程产生的外壳、塑料包装物，主要成分为不锈钢、铝、塑料等，可按一般工业固废处理，同样可作为原料进行资源再生。

参 考 文 献

[1] Sun L，Qiu K Q. Vacuum pyrolysis and hydrometallurgical process for the recovery of valuable metals from spent lithium-ion batteries [J]. Journal of Hazardous Materials，2011，194：378–384.

[2] Zhang T，He Y Q，Wang F F，et al. Chemical and process mineralogical characterizations of spent lithium-ion batteries：an approach by multianalytical techniques [J]. Waste Management，2014，34（6）：1051–1058.

[3] Zhang X H，Xie Y B，Cao H B，et al. A novel process for recycling and resynthesizing $LiNi_{1/3}Co_{1/3}Mn_{1/3}O_2$ from the cathode scraps intended for lithium-ion batteries [J]. Waste Management，2014，34（9）：1715–1724.

[4] Ferreira D A，Prados L M Z，Majuste D，et al. Hydrometallurgical separation of aluminium，cobalt，copper and lithium from spent Li-ion batteries [J]. Journal of Power Sources，2009，187（1）：238–246.

[5] Li J，Wang G，Xu Z. Environmentally-friendly oxygen-free roasting/wet magnetic separation technology for in situ recycling cobalt，lithium carbonate and graphite from spent $LiCoO_2$/graphite lithium batteries [J]. Journal of Hazardous Materials，2016，302：97–104.

［6］ Hu J T, Zhang J L, Li H X, et al. A promising approach for the recovery of high value-added metals from spent lithium-ion batteries［J］. Journal of Power Sources, 2017, 351: 192 – 199.

［7］ Gao W F, Liu C M, Cao H B, et al. Comprehensive evaluation on effective leaching of critical metals from spent lithium-ion batteries［J］. Waste Management, 2018, 85: 477 – 485.

［8］ Zhang X H, Cao H B, Xie Y B, et al. A closed-loop process for recycling $LiNi_{1/3}Co_{1/3}Mn_{1/3}O_2$ from the cathode scraps of lithium-ion batteries: process optimization and kinetics analysis［J］. Separation and Purification Technology, 2015, 150: 186 – 195.

［9］ Zeng G S, Luo S L, Deng X R, et al. Influence of silver ions on bioleaching of cobalt from spent lithium batteries［J］. Mineral Engineering, 2013, 49: 40 – 44.

［10］ Mishra D, Kim D J, Ralph D E, et al. Bioleaching of metals from spent lithium ion secondary batteries using Acidithiobacillus ferrooxidans［J］. Waste Management, 2008, 28（2）: 333 – 338.

［11］ Xin B P, Zhang D, Zhang X, et al. Bioleaching mechanism of Co and Li from spent lithium-ion battery by the mixed culture of acidophilic sulfur-oxidizing and iron-oxidizing bacteria［J］. Bioresource Technology, 2009, 100（24）: 6163 – 6169.

［12］ Lv W G, Wang Z H, Cao H B, et al. A critical review and analysis on the recycling of spent lithium-ion batteries［J］. ACS Sustainable Chemistry& Engineering, 2018, 6（2）: 1504 – 1521.

［13］ Chen X P, Xu B, Zhou T, et al. Separation and recovery of metal values from leaching liquor of mixed-type of spent lithium-ion batteries［J］. Separation and Purification Technology, 2015, 144: 197 – 205.

［14］ Nie H, Xu L, Song D, et al. $LiCoO_2$: recycling from spent batteries and regeneration with solid state synthesis［J］. Green Chemistry, 2015, 17（2）: 1276 – 1280.

［15］Kim D S, Sohn J S, Lee C K, et al. Simultaneous separation and reno-
vation of lithium cobalt oxide from the cathode of spent lithium ion re-
chargeable batteries ［J］. Journal of Power Sources, 2004, 132:
145 – 149.

［16］Li X, Zhang J, Song D, et al. Direct regeneration of recycled cathode
material mixture from scrapped LiFePO4 batteries ［J］. Journal of Power
Sources, 2017, 345: 78 – 84.

第三章 废旧动力电池回收产业特征分析

从新能源汽车种类和动力电池使用寿命来看，2017 年报废的基本上是商务车的动力电池，规模较小，在 2 万吨左右。商务车主要车型是大巴、中巴，一般来说是电池报废更新，商务车生产企业是理论上的回收主体，回收后重新流入市场，用于电池翻新、梯次利用和资源再生。在缺乏具体监管制度和手段的背景下，2017 年驱动废旧动力电池市场流通的动力是其潜在利用价值。

2017 年，从前述的回收价格来看，回收市场没有建立起来，缺乏可参考性的价格机制，各地之间的价格偏差很大，达到一定回收处理规模的企业更多的是依靠其在技术、资金上的优势，如生产动力电池前驱体材料的企业。专业处理废旧电池企业也有一定的盈利空间，废三元材料电池回收处理是重点。在报废量总体很小的背景下，废磷酸铁锂电池由于其可再生资源价值较低，回收后主要用于翻新、梯次利用，在一定程度上延长了电池的使用周期，影响着最终废弃量。

2017 年，梯次利用市场处于应用示范阶段，中国铁塔公司、国家电网、中国电科院、北汽新能源等开展了梯次利用、商业储能等示范项目建设。中国铁塔公司已覆盖 12 个省市的 3000 多个试验站点，涵盖备电、削峰填谷、微电网等。

2017 年，对于绝大多数从事废旧动力电池回收处理的企业来说，主要是在布局抢占市场、开发技术装备。目前，比亚迪、沃特玛、国轩高科等已布局回收拆解业务，格林美、湖南邦普、深圳泰力等在开展第三方回收，回收后进行资源再生。

第一节　产业集中度

目前国内锂动力电池的直接报废量不大，从企业调研情况看，动力电池的循环再生利用还没有真正形成规模，现有废电池来源仍以电池厂的生产废料及消费锂电池为主。

从锂电池再生利用的布局主体上看，资源、材料、电池、新能源汽车等锂电池产业链上下游相关企业均在积极开展电池再生利用的布局，同时也有第三方的资源回收企业。动力电池生产企业开展回收业务的主要有超威动力、中航锂电、宁德时代、杉杉股份、沃特玛、国轩高科、威能电源及比克电池。新能源汽车生产企业开展回收处理业务的主要有比亚迪、北汽新能源。报废汽车处理企业开展回收处理业务的有邦普循环、格林美。专业从事回收处理业务的企业有临沂华凯、赣州豪鹏、龙南金泰阁、广东芳源环保、湖南金源新材料及北京赛德美资源再利用研究院。

从整体布局动向看，随着动力电池大规模报废期的临近，各家企业在2016—2017年的投资建厂及资本收购等布局动作尤为密集。同时，第三方回收企业整体在向电池材料领域延伸，锂电池企业全面布局电池梯次利用和再生利用。

从当前市场格局看，邦普循环和格林美处于绝对龙头地位；赣州豪鹏、湖南金源新材料、广东芳源环保、龙南金泰阁、赣锋锂业等处于第二梯队；剩下绝大部分尚处于建设期或试运行阶段。各主要企业布局情况见表3-1。

表3-1　国内从事废旧电池回收处理企业布局情况

编号	企业名称	企业类型	回收业务
1	中国铁塔公司	电信基础设施的统筹建设与共享利用	梯次利用
2	煦达新能源	生产储能逆变器及系统	梯次利用
3	超威动力	电池企业	梯次利用
4	中航锂电	电池企业	梯次利用 再生利用

续表

编号	企业名称	企业类型	回收业务
5	宁德时代 邦普循环	电池企业 回收企业	梯次利用 再生利用
6	比亚迪	电池、新能源汽车企业	梯次利用 再生利用
7	杉杉股份	正负极材料生产企业	梯次利用 再生利用
8	临沂华凯	回收企业	梯次利用 再生利用
9	深圳沃特玛	电池企业	梯次利用
10	国轩高科 金川集团	电池企业 资源材料企业	梯次利用 再生利用
11	北汽新能源	新能源汽车生产企业	梯次利用
12	格林美	回收和材料企业	再生利用
13	赣州豪鹏	回收企业	再生利用
14	华友钴业	资源材料企业	再生利用
15	赣锋锂业	资源材料及电池企业	再生利用
16	龙南金泰阁	资源及回收企业	再生利用
17	威能电源	电池企业	再生利用
18	启迪桑德	环保及新能源企业	再生利用
19	广东芳源环保	回收及材料企业	再生利用
20	湖南金源新材料	回收企业	再生利用
21	北京赛德美	回收企业	梯次利用 再生利用
22	深圳比克电池	电池企业	梯次利用 再生利用

第二节 产业聚集区

废旧动力电池回收产业主要分布区如图3-1所示，动力电池回收处理企业主要分布在珠三角、沿海省份、江西、湖南，东北、西北、西南地区相关企业很少。

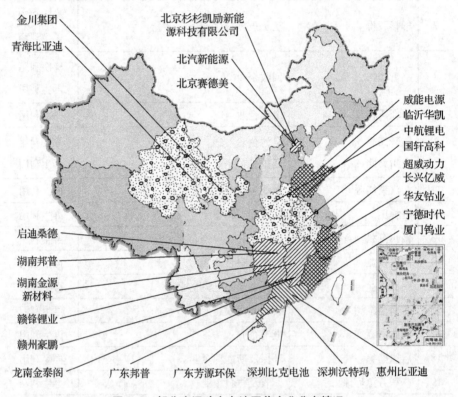

图3-1 部分废旧动力电池回收企业分布情况

第三节 产业上下游

2017年，新能源乘用车市场发展继续保持着迅猛的势头。2017年我国新能源汽车产销量分别为79.4万辆和77.7万辆，同比分别增长

53.8% 和 53.3%。其中，乘用车产销量分别为 59.2 万辆和 57.9 万辆，同比分别增长 71.9% 和 72%。商用车产销量分别为 20.2 万辆和 19.8 万辆，同比分别增长 17.4% 和 16.3%。新能源乘用车企业名录如表 3-2 所示。我们发现，传统新能源汽车大企业如比亚迪、北汽新能源等企业继续占据较大的市场份额。与此同时，互联网智能化的新能源汽车如蔚来汽车、小鹏汽车等也逐步实现量产，走进大众视线，接受市场考验。

表 3-2　新能源乘用车企业名录

新能源乘用车企业		
安徽江淮汽车集团股份有限公司	广州汽车集团乘用车有限公司	上汽通用五菱汽车股份有限公司
北京奔驰汽车有限公司	海马轿车有限公司	四川野马汽车股份有限公司
北京汽车股份有限公司	河北红星汽车制造有限公司	天津一汽丰田汽车有限公司
北京汽车制造厂有限公司	河北御捷车业有限公司	一汽 - 大众汽车有限公司
北京现代汽车有限公司	河北中兴汽车制造有限公司	一汽海马汽车有限公司
北京新能源汽车股份有限公司	湖南江南汽车制造有限公司	长安福特汽车有限公司
北汽（广州）汽车有限公司	华晨宝马汽车有限公司	长城汽车股份有限公司
北汽（镇江）汽车有限公司	华晨汽车集团控股有限公司	浙江飞碟汽车制造有限公司
比亚迪汽车工业有限公司	江铃控股有限公司	浙江豪情汽车制造有限公司
比亚迪股份有限公司	江苏卡威汽车工业集团有限公司	浙江吉利汽车有限公司
东风汽车有限公司	江西昌河汽车有限责任公司	郑州日产汽车有限公司
东风小康汽车有限公司	金华青年汽车制造有限公司	中国第一汽车集团有限公司
东风悦达起亚汽车有限公司	奇瑞汽车股份有限公司	重庆力帆乘用车有限公司

新能源乘用车企业		
东南（福建）汽车工业有限公司	荣成华泰汽车有限公司	重庆力帆汽车有限公司
广汽本田汽车有限公司	上海汽车集团股份有限公司	重庆长安汽车股份有限公司
广汽丰田汽车有限公司	上海汽车商用车有限公司	上海蔚来汽车有限公司
广汽吉奥汽车有限公司	上汽通用汽车有限公司	广州小鹏汽车科技有限公司

新能源汽车产业的快速发展促进了全产业链的发展。国内动力电池主要的生产企业如表3-3所示。其中，宁德时代和比亚迪占据绝大多数的出货量。与此同时，新能源正极材料的市场格局也在悄然变化。表3-4列出了动力电池正极、负极材料的主要生产厂商，2017年之前，三元材料和磷酸铁锂的电池装机量基本保持一致，但从2017年开始，三元材料的装机量逐步超过磷酸铁锂，成为新能源汽车动力电池最常用的正极材料。负极材料以石墨负极为主，同时，较多企业也已实现硅碳负极的量产，为实现能量密度更大的动力电池量产提供了技术保证。

表3-3 动力电池生产企业名录

动力电池生产企业		
比亚迪股份有限公司	中航锂电（洛阳）有限公司	浙江天能电池有限公司
宁德时代新能源科技有限公司	万向A一二三系统有限公司	深圳市德朗能电池有限公司
深圳市沃特玛电池有限公司	深圳市比克电池有限公司	天津市捷威动力工业有限公司
合肥国轩高科动力能源有限公司	波士顿电池（江苏）有限公司	广东天劲新能源科技股份有限公司

动力电池生产企业		
哈尔滨光宇电源股份有限公司	孚能科技（赣州）有限公司	湖州天丰电源有限公司
天津力神电池股份有限公司	惠州亿纬锂能股份有限公司	中信国安盟固利动力科技有限公司
微宏动力系统（湖州）有限公司	江苏智航新能源有限公司	多氟多化工股份有限公司
北京国能电池科技有限公司	远东福斯特新能源有限公司	珠海银隆新能源有限公司

表3-4　动力电池电极材料生产企业名录

正极材料生产企业		负极材料生产企业
四川浩普瑞新能源材料股份有限公司	青岛乾运高科新材料股份有限公司	上海杉杉科技有限公司
国光电器股份有限公司	北大先行科技产业有限公司	深圳市贝特瑞新能源材料股份有限公司
山东三秋新能源科技有限公司	深圳市振华新材料股份有限公司	江西紫宸科技有限公司
湖南裕能新能源电池材料有限公司	宁波金和新材料股份有限公司	江西正拓新能源科技股份有限公司
贵州安达科技能源股份有限公司	河南科隆新能源股份有限公司	湖南星城石墨科技股份有限公司
优美科国际股份有限公司	湖南长远锂科有限公司	深圳市斯诺实业发展股份有限公司
北京当升材料科技股份有限公司	广州天赐高新材料股份有限公司	天津锦美碳材科技发展有限公司
厦门钨业股份有限公司	江门市科恒实业股份有限公司	湖南摩根海容新材料有限责任公司

续表

正极材料生产企业		负极材料生产企业
格林美股份有限公司	湘潭电化科技股份有限公司	成都兴能新材料有限公司
天津巴莫科技股份有限公司	新乡天力锂能股份有限公司	大连宏光锂业股份有限公司
湖南杉杉能源科技股份有限公司	湖南瑞翔新材料股份有限公司	湖州创亚动力电池材料有限公司

　　电池装机量的增长也进一步刺激了生产其他电池组件公司的发展。在电解液的生产领域中，天赐材料、新宙邦占据较大市场份额（表3-5），主要企业扩建计划完成后，电解液的产能将提升50%以上。在隔膜生产方面，上海恩捷、湖南中锂处于领先地位。目前国内主要隔膜生产企业的湿法产量和干法产量总计21.65亿 m^2，扩建计划完成后，总产能可提升60%以上。正负极集流体领域也得到了一定程度的发展，以华西铝业、中南铝业、美铝铝业为代表的生产铝箔的企业占据了较大的市场份额。同时，在生产铜箔的企业中，诺德股份、灵宝华鑫产能优势明显（表3-6）。

表3-5　动力电池电解液及隔膜生产企业名录

电解液生产企业	隔膜生产企业
深圳新宙邦科技股份有限公司	深圳市星源材质科技股份有限公司
东莞杉杉电池材料有限公司	新乡市中科科技有限公司
张家港市国泰华荣化工新材料有限公司	佛山市金辉高科光电材料有限公司
天津金牛电源材料有限责任公司	沧州明珠塑料股份有限公司
广州天赐高新材料股份有限公司	河南义腾新能源科技有限公司
珠海市赛纬电子材料股份有限公司	南通天丰电子新材料有限公司
天津力神电池股份有限公司	佛山市东航光电科技股份有限公司
河南省法恩莱特新能源科技有限公司	河北金力新能源科技股份有限公司

电解液生产企业	隔膜生产企业
湖北诺邦科技股份有限公司	天津东皋膜技术有限公司
香河昆仑化学制品有限公司	辽源鸿图锂电隔膜科技股份有限公司
山东海容电源材料股份有限公司	上海恩捷新材料科技股份有限公司
北京化学试剂研究所	苏州捷力新能源材料有限公司
河南华瑞高新材料科技股份有限公司	中材锂膜有限公司
洛阳大生新能源开发有限公司	重庆云天化纽米科技股份有限公司
广东金光高科股份有限公司	湖南中锂新材料有限公司

表 3-6　动力电池集流体生产企业名录

动力电池集流体生产企业	
铜箔生产企业	铝箔生产企业
诺德投资股份有限公司/ 青海电子材料产业发展有限公司	华西铝业有限责任公司
灵宝华鑫铜箔有限责任公司	深圳市福来顺科技材料有限公司
广东嘉元科技股份有限公司	杭州五星铝业有限公司
湖北中一科技股份有限公司	深圳市四方达实业有限公司
安徽铜冠铜箔有限公司	中南铝业有限公司
赣州逸豪优美科实业有限公司	美铝（上海）铝业有限公司

第四章 宏观政策与标准

第一节 宏观政策

国家非常重视废旧动力电池回收处理管理工作，国务院及发展改革委、工业和信息化部、生态环境部（原环境保护部）等联合发布或在各自职能业务范围内发布了多项管理政策（表4-1），对于指导废旧动力电池回收处理行业规范发展起到重要的作用。目前，已发布的废旧动力电池回收处理管理政策，已经明确规定回收主体责任，对其梯次利用、资源再生、环境管理提出较为明确的相关要求。对于这些国家相关政策，相关企业普遍反映：政策宏观指导性强，不同文件中有些内容重复规定，可操作性弱，对企业生产指导性不足，急需出台切合实际的政策。大多数相关企业希望国家出台明确的补贴政策、退税政策，在当前该行业的规模、回收处理产能、处置利用技术、经济可行性等都需要进一步评估的背景下，相关政策出台尚需时日。

2018年2月，国家相关部委出台了《新能源汽车动力蓄电池回收利用管理暂行办法》，其中第五条规定：落实生产者责任延伸制度，汽车生产企业承担动力蓄电池回收的主体责任，相关企业在动力蓄电池回收利用各环节履行相应责任，保障动力蓄电池的有效利用和环保处置；坚持产品全生命周期理念，遵循环境效益、社会效益和经济效益有机统一的原则，充分发挥市场作用。其中第八条规定：电池生产企业应及时向汽车生产企业等提供动力蓄电池拆解及贮存技术信息，必要时提供技术培训；汽车生产企业应符合国家新能源汽车生产企业及产品准入管理、强制性产品认证的相关规定，主动公开动力蓄电池拆卸、拆解及贮存技术信息说明及动力蓄电池的种类、所含有毒有害成分含量、回收措施等信息。其中第十二条规定：汽车生产企业应建立动力蓄电池回收渠道，负责回收新能源汽车使用及报废后产生的废旧动力蓄电池；汽车生产企业应建立回收服务网点，负责收集废旧动力蓄电池，集中贮存并移交至与其协议合作的相关企业；鼓励汽车生产企业、电池生产企业、报废汽车回收拆解企业与综合利用企业等通过多种形式，合作共建、共用废旧动力蓄电池回收渠道。

根据前述国家最新的相关规定要求，新能源汽车生产企业是废旧动力电池回收责任主体单位，其他行业企业履行回收利用各环节相应责任。这意味着废旧动力电池回收处理是以新能源汽车为核心来进行的，新能源汽车生产企业通过与电池生产企业、报废汽车拆解企业、综合利用企业合作开展具体工作。废旧动力电池回收处理产业链构建主体是这4类企业。

表4-1　废旧动力电池回收处理主要相关政策一览表

时间	部门	政策名称	主要内容摘录
2016	国务院	生产者责任延伸制度推行方案	建立电动汽车动力电池回收利用体系。电动汽车及动力电池生产企业应负责建立废旧电池回收网络，利用售后服务网络回收废旧电池，统计并发布回收信息，确保废旧电池规范回收利用和安全处置。动力电池生产企业应实行产品编码，建立全生命周期追溯系统。率先在深圳等城市开展电动汽车动力电池回收利用体系建设，并在全国逐步推广
2016	发展改革委、工业和信息化部、环境保护部等五部委	电动汽车动力蓄电池回收利用技术政策（2015年版）	落实生产者责任延伸制度，电动汽车生产企业、动力蓄电池生产企业和梯次利用电池生产企业应分别承担各自生产使用的动力蓄电池回收利用的主要责任，报废汽车回收拆解企业应负责回收报废汽车上的动力蓄电池。 废旧动力电池回收应遵循先梯次利用后再生利用的原则，力求使废旧动力电池的产品剩余价值和资源价值达到最大化

续表

时间	部门	政策名称	主要内容摘录
2016	工业和信息化部	新能源汽车废旧动力蓄电池综合利用规范条件（征求意见稿）	加强新能源汽车废旧动力蓄电池综合利用行业管理，规范行业发展，推动废旧动力蓄电池资源化、规模化、高值化利用
2016	工业和信息化部	新能源汽车动力蓄电池回收利用管理暂行办法（征求意见稿）	落实生产者责任延伸制度，汽车生产企业承担动力蓄电池回收利用主体责任。汽车生产企业应负责回收新能源汽车使用过程中产生的废旧动力蓄电池，与回收拆解企业合作回收新能源汽车报废后产生的动力蓄电池
2016	环境保护部	废电池污染防治技术政策	对废锂离子电池的回收、运输、贮存、再生提出明确规定，以期控制锂离子电池回收利用过程中的环境风险
2017	工业和信息化部	新能源汽车动力蓄电池回收利用试点实施方案	开展相关技术标准研制工作，建立新能源汽车动力蓄电池回收利用溯源管理信息系统
2018	工业和信息化部会同科技部、环境保护部、交通运输部、商务部、质检总局、国家能源局	新能源汽车动力蓄电池回收利用管理暂行办法	落实生产者责任延伸制度，汽车生产企业承担动力蓄电池回收的主体责任，相关企业在动力蓄电池回收利用各环节履行相应责任，保障动力蓄电池的有效利用和环保处置。坚持产品全生命周期理念，遵循环境效益、社会效益和经济效益有机统一的原则，充分发挥市场作用。 电池生产企业应与汽车生产企业协同，按照国家标准要求对所生产动力蓄电池进行编码，汽车生产企业应记录新能源汽车及其动力蓄电池编码对应信息。电池生产企业、汽车生产企业应及时通过溯源信息系统上传动力蓄电池编码及新能源汽车相关信息。

时间	部门	政策名称	主要内容摘录
2018	工业和信息化部会同科技部、环境保护部、交通运输部、商务部、质检总局、国家能源局	新能源汽车动力蓄电池回收利用管理暂行办法	电池生产企业及汽车生产企业在生产过程中报废的动力蓄电池应移交至回收服务网点或综合利用企业。 汽车生产企业与报废汽车回收拆解企业等合作，共享动力蓄电池拆卸和贮存技术、回收服务网点及报废新能源汽车回收等信息。回收服务网点应跟踪本区域内新能源汽车报废回收情况，可通过回收或回购等方式收集报废新能源汽车上拆卸下的动力蓄电池

第二节　相关标准

据不完全统计，截至 2017 年 11 月底，已发布涉及废旧动力电池的标准共 4 项（表 4-2），具体分别为《车用动力电池回收利用拆解规范》（GB/T 33598—2017）、《车用动力电池回收利用余能检测》（GB/T 34015—2017）、《锂离子电池材料废弃物回收利用的处理方法》（GB/T 33059—2016）、《废电池处理中废液的处理处置方法》（GB/T 33060—2016）；行业标准 2 项，即《废蓄电池回收管理规范》（WB/T 1061—2016）、《废电池中镍钴回收方法》（HG/T 5019—2016）。这些标准规范或约束了废旧动力电池回收利用的某一阶段的生产行为或指标，但上述标准的可操作性仍存在不足，需要从企业生产管理角度，提出详细的工艺技术、装备、回收率、环境保护等方面的规范要求和技术标准。

表4-2　废旧动力电池相关标准一览表

编号	名称	主要内容摘录
GB/T 33598	车用动力电池回收利用拆解规范	标准适用于车用废旧锂离子动力蓄电池、金属氢化物镍动力蓄电池的蓄电池包（组）、模块的拆解，不适用于车用废旧动力蓄电池单体的拆解；回收、拆解企业应具有国家法律法规规定的相关资质，如经营范围包括废旧电池类的危险废物经营许可证，应按照生产企业提供的拆解信息或拆解手册，制定拆解作业程序或拆解作业指导书，进行安全拆解；拆解企业宜采用机械或自动化拆解方式，以提高拆解效率及安全性；规定了废旧动力蓄电池拆解作业程序图，并对预处理、拆解工具、拆解方式做明确要求
GB/T 34015	车用动力电池回收利用余能检测	标准适用于车用废旧锂离子动力蓄电池和金属氢化物镍动力蓄电池单体、模块的余能检测；规定了动力蓄电池余能检测的作业流程及工作环境要求，仪器、仪表精度要求；对首次充放电电流按软包锂离子动力蓄电池，铜壳、铝壳或塑料壳锂离子动力蓄电池，金属氢化物镍动力蓄电池提出相关要求；无法从蓄电池模块获得电池数量等信息时，应对蓄电池模块进行拆解，参照单体蓄电池确定首次充放电电流
GB/T 33059	锂离子电池材料废弃物回收利用的处理方法	标准适用于锂离子电池材料废弃物中镍、钴、锰、铜、铝的湿法回收处理方法；锂离子电池材料废弃物是指锂离子电池生产过程产生的不合格极片、报废极片及电极材料废弃的浆料、粉末等；规定了湿法回收工艺流程及控制条件要求；含钴离子废水排放浓度应符合 GB 25467 要求，其余废水排放执行 GB 8978 要求

编号	名称	主要内容摘录
GB/T 33060	废电池处理中废液的处理处置方法	标准适用于废电池（仅指废锂离子电池和废镍氢电池）回收利用中废液的处理处置；废液是指回收过程中产生的包括电解液、金属离子再利用过程中产生的废液等；废电池中的电解液经焚烧处理，产生的废气中含有 HF、CO_2、P_2O_5 等酸性气体，用碱液对其进行吸收；规定了电解液的处理处置工艺流程和工艺控制要求；规定了金属离子再利用过程中产生的废液的处理处置工艺流程和工艺控制要求；含钴离子废水排放浓度应符合 GB 25467 要求，其余废水排放执行 GB 8978 要求
WB/T 1061	废蓄电池回收管理规范	规定了废电池的分类、收集、运输及贮存等回收管理要求；废蓄电池分为危险型废蓄电池和一般型废蓄电池，含锂废蓄电池属于一般型；不应擅自对废蓄电池进行拆解，尤其不应擅自倾倒、丢弃废蓄电池中的酸性或碱性电解液；废锂电池运输要做好防火措施；分类贮存，注意废蓄电池种类、危险特性及开始贮存时间
HG/T 5019	废电池中镍钴回收方法	标准适用于湿法回收废电池（仅指含镍元素或钴元素的锂离子电池、镍氢电池及电芯）中镍、钴元素的回收过程；规定了湿法回收工艺流程及控制条件要求；沉淀除杂工艺铜、铁、铝的去除率应不低于99%，钙、镁去除率应不低于95%；镍回收率应不低于95%，钴回收率应不低于90%；含钴离子废水排放浓度应符合 GB 25467 要求，其余废水排放执行 GB 8978 要求

第五章　产业发展趋势

第一节　政策发展趋势

一、宏观政策有待细化

2018 年新能源汽车补贴政策较之前的政策有明显的调整，补贴额度将参考积分政策、车型等来计算，明确要求未来各地地补将逐步转为支持充电基础设施的建设和运营，但是受限牌城市挤出效应影响，牌照刚需带来的个人新能源汽车消费需求将持续稳定增长。短期来看，补贴退坡不改变新能源汽车产销增长大趋势，2018 年全年销量仍有望较快增长，预测由此带来的动力电池社会保有量也将同步增长。

从 2016 年到 2018 年年初国家相关部委发布的诸多政策来看，相关政策为企业开展废旧动力电池回收处理提供宏观指导，主要包括：一直坚持推行生产者责任延伸制度；在动力电池回收信息管理方面，推行产品编码、标签管理、全生命周期管理；在回收责任主体方面，新能源汽车生产企业、动力电池生产企业、报废汽车拆解企业开展多元化组合式回收；在处理方式上，应遵循先梯次利用后再生利用的原则，力求使废旧动力电池的产品剩余价值和资源价值达到最大化。在废旧动力电池回收处理市场培育过程中，国家政策根据产业分工给予充分的支持和宏观指导。

随着废旧动力电池回收量及其处理压力快速增大，相关从业企业在回收处理实践中出现的问题将越来越多，需要相关管理政策在细节上的要求更加明确，诸如回收/运输/贮存等过程的安全风险控制、梯次利用和资源再生企业准入条件、金属清洁再生技术与装备、废电解液无害化处理要求、回收处理过程特征污染物及其环境保护要求等。

基于废旧动力电池处理产业的公益性，应考虑将其纳入《资源综合利用产品和劳务增值税优惠目录》，从为企业减负角度扶植产业、鼓励产业发展。

二、生产者责任制需进一步完善

废旧动力电池回收处理实行生产者责任制延伸制度，就迫切需要明确生产者责任制框架下延伸出的相应责任、义务，生产者包括新能源汽车生产企业、动力电池生产企业，应考虑对生产者征收动力电池回收处理基金，并开展基金征收额度及征收/发放管理制度研究，生产者有义务回收废旧动力电池并对其进行高效、清洁、无害化处理处置，推行生产者责任制同样需要非责任主体的参加，鼓励生产者与报废汽车拆解企业、废电池处理企业及固废处理企业等合作进行，发挥各自优势、分工合作。

废旧动力电池回收处理信息管理应采用编码制度，需要电池生产企业、新能源汽车生产企业、废旧动力电池处理企业基于大数据系统建立溯源管理，应进一步出台相关具体要求，以明确生产者、使用者、回收处理者的产业信息管理责任。梯次利用企业在废旧动力电池再组装时需要重新编码，重新编码要考虑与原有编码的协调性，废弃时要及时把编码信息传达给回收处理企业，以期做到全过程信息化管理。

三、大力鼓励支持科技创新

废旧动力电池回收处理是一个新兴的产业发展方向，我国现在已经进入社会主义新时代，国情现状要求相关产业技术和装备起点要高，应专业化、高效、清洁。废旧动力电池自动化拆解成套技术与装备已列入《国家鼓励发展的重大环保技术装备名录（2017年版）》，为行业发展开了好头，目前产业尚需要在梯次利用、金属再生方面有更多的技术创新，以提高废物综合利用率、资源产出率；同时也需针对动力电池本身有毒有害物质的产/排特性和迁移转化特点，开发处理能力强、高效率、安全的环保装备，以满足回收处理过程环保要求。科技创新需要在政府引导

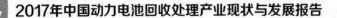

下开展产学研联合攻关，从资金、政策、人才等方面给予实质性的鼓励和必要的支持。

第二节　投资前景分析

一、废旧动力电池蕴含资源价值巨大

（一）2020年理论报废量条件下的潜在资源价值

按本书前述市场供给A模型预测结果，2020年我国新能源汽车动力电池理论报废量约为38.3万吨，如果按前述的2016年磷酸铁锂电池配套量占总配套量的72.3%、三元材料电池配套量占总配套量的22.8%这一比例来计算，那么届时将产生废磷酸铁锂电池约为27.7万吨、废三元材料电池约为8.7万吨。根据资料，整理磷酸铁锂电池、三元材料电池中主要物质含量数据如表5-1所示。根据这2种动力电池社会保有量、主要物质含量计算得出，2020年我国新能源汽车理论报废的动力电池中蕴含的主要物质量如表5-2所示。

表5-1　2种动力电池中主要物质比例　　　　　　单位:%

主要组成物质	三元材料电池	磷酸铁锂电池
锂	1.9	1.1
镍	12.1	0
钴	2.3	0
铁	0	7.8
磷	0	4.4
锰	3.2	0
铜	13.3	13.8
铝	12.7	13.3
不锈钢	8.9	9.4
塑料	4.2	4.6

表 5-2　2020 年理论报废的动力电池中蕴含的主要物质量

单位：万吨

主要组成物质	三元材料电池	磷酸铁锂电池	合计
锂	0.17	0.30	0.47
镍	1.05	0.00	1.05
钴	0.20	0.00	0.20
铁	0.00	2.16	2.16
磷	0.00	1.22	1.22
锰	0.28	0.00	0.28
铜	1.16	3.82	4.98
铝	1.10	3.68	4.79
不锈钢	0.77	2.60	3.38
塑料	0.37	1.27	1.64

2017 年 12 月，铜、铝、不锈钢、塑料（按 PP 计）新材料市场价格分别为 5.3 万元/吨、1.4 万元/吨、1.4 万元/吨、0.8 万元/吨，以此价格来估算，2020 年理论报废的动力电池中铜、铝、不锈钢、塑料的资源价值分别约为 26 亿元、6 亿元、5 亿元、1 亿元。

2017 年 12 月，镍、钴、锰、锂新材料市场价格分别为 9.5 万元/吨、56 万元/吨、1.1 万元/吨、91 万元/吨，以此价格来估算，2020 年理论报废的动力电池中镍、钴、锰、锂金属资源价值分别为 10 亿元、11 亿元、0.3 亿元、42 亿元。

由于我国铁、磷矿产资源丰富，在此不做单纯元素估算，但具再生磷酸盐潜力。此外，动力电池中还使用了碳粉、电解液等材料，钛酸锂电池使用钛，从理论上讲这些材料也具有资源再生回收价值，在此不一一赘述，仅对主要组成物质或材料进行估算。

前述估算值合计得出，2020 年我国新能源汽车理论报废的动力电池中，铜、铝、不锈钢、塑料、镍、钴、锰、锂 8 种主要物质或材料的潜在资源价值约为 100 亿元。近年来动力电池材料市场发展非常快，表 5-3 中所列数据与电池企业实际生产数据会有一定的差异，且同一种类电池不同型号也有差异，材料市场价格变化快，本书仅根据收集的数据整理并用其估算蕴含资源量，实际数值以企业生产实际值为准，三元材料电池比例会逐步增加，钛酸锂电池也将进入市场，这些变化会影响届时的实际数据。

本书估算的 2020 年理论报废量条件下的动力电池潜在资源价值数据仅供参考。

（二）2020 年社会保有量条件下的潜在资源价值

本书前已预测 2020 年，我国新能源汽车动力电池保有量约为 328 万吨，按前述的 2016 年磷酸铁锂电池配套量占总配套量的 72.3%、三元材料电池配套量占总配套量的 22.8% 这一比例来计算，其中磷酸铁锂电池约为 237 万吨、三元材料电池约为 75 万吨。根据资料，整理磷酸铁锂电池、三元材料电池中主要物质含量数据如表 5-3 所示。根据这 2 种动力电池社会保有量、主要物质含量计算得出，2020 年我国社会保有的动力电池中主要物质量如表 5-3 所示。

表 5-3 2020 年我国社会保有动力电池中蕴含主要资源估算量

单位：万吨

主要组成物质	三元材料电池	磷酸铁锂电池	合计
锂	1.43	2.61	4.03
镍	9.08	0.00	9.08
钴	1.73	0.00	1.73
铁	0.00	18.49	18.49
磷	0.00	10.43	10.43
锰	2.40	0.00	2.40
铜	9.98	32.71	42.68
铝	9.53	31.52	41.05
不锈钢	6.68	22.28	28.95
塑料	3.15	10.90	14.05

从表5-3所列资源量来看，铜、铝、不锈钢这些基础材料都达数十万吨级的，铁、磷、塑料为十万吨级，镍、钴、锰、锂为万吨级的。铜、铝、不锈钢、塑料分别是动力电池负极/正极的集流体材料、外壳和隔膜或外包装袋，非离子态。从电池材料来看，不同类型动力电池组成材料存在差异，铁、磷是磷酸铁锂电池特有的，镍、钴、锰是三元材料电池特有的，锂是这两种电池不可或缺的材料。参照前述铜、铝、不锈钢、镍、钴、锰、锂等资源2017年12月的价格，以此价格来估算，2020年社会保有的动力电池中铜、铝、不锈钢、塑料的资源价值分别约为226亿元、57亿元、40亿元、11亿元，镍、钴、锰、锂金属资源价值分别约为86亿元、97亿元、3亿元、367亿元。

本书估算的2020年社会保有量条件下的动力电池潜在资源价值数据仅供参考。

二、投资市场需求巨大

（一）回收市场

废旧动力电池回收处理产业发展离不开政策的扶植，但是如果企业以追求回收处理补贴"大赚""特赚"为出发点的话是不现实的，任何固废处理产业都要遵守市场规律，通过供需市场获取各自需求并且盈利方有希望成为可持续发展的产业。严格地说，目前废旧动力电池处理产业市场尚未真正形成，有待培育，最大的利好就是未来处理市场需求巨大，提前布局产业链，抢占制高点，待回收处理市场大规模形成后前景看好。

新能源汽车补贴调整对其销售量影响不大，在全球范围内节能减排、控制燃油车发展的背景下，在我国多项政策主导、大城市车牌控制等客观条件下，今后一段时间里我国新能源汽车生产量、销售量将持续增长。新能源汽车生产量增大将带动原材料市场需求空间增大，配套动力电池生产对钴、锂等金属资源需求量将持续增加，废旧动力电池再生回收的金属将成为原材料市场的重要补充。新能源汽车销售量持续增大，也意味着动力电池的社会保有量持续增加，由此将衍生更大的回收处理市场需求。

回收体系是整个废旧动力电池回收利用产业链中最基本的一环，也是最需要人力、物力、财力大量持续投入的一环。目前，电动汽车生产企业、动力电池生产企业及梯次利用企业均未建成有效的回收体系，在市场上动力电池废弃量总体偏小的情况下，回收责任主体企业也仅能够回收一小部分，大部分废旧动力电池流入小商贩手中，一部分可用的翻新后再次进入流通市场，另一部分去向不明。

尽管国家政策明确规定回收责任主体，但是如果不及时建设较为完善的回收体系，不能有效回收、大量回收废旧动力电池，即使拥有最先进的梯次利用和再生利用技术，也是无米下锅，无稽之谈。一般情况下动力电池使用寿命短于车体寿命，动力电池报废先于车体报废，报废高峰即将来临并非耸人听闻。通过新能源汽车 4S 店或销售网点、报废汽车拆解企业、废旧物资回收网点等实体店，以及"互联网＋"模式等渠道，责任主体开展独立回收、多渠道合作回收，构建覆盖面广、回收率高的回收体系，是获取产业利润的最基本保证，目前回收体系构建亟待进行。

从前面预测的理论报废情况来看，2020 年报废的动力电池以商用车为主、乘用车其次，因此回收体系应重点关注报废汽车拆解企业。掌控了废旧动力电池回收量，将在回收处理市场上占有主动权和较大的发言权。

（二）技术装备市场

废旧动力电池的回收处理是一个复杂的生产过程，其产业链主要包括回收、整体拆解、余能检测、储能利用、放电、单体拆解、分类收集、金属再生、废物处理处置、环境保护等多个环节。除回收环节外，其余大多数环节的相关技术、装备都处于研发、示范阶段，均尚未达到工业化生产规模和技术水平，产业需要在培育市场的同时优化技术、集成装备，技术、装备需要投资驱动，孵化市场，形成储备。

目前，废旧动力电池回收产业处于萌芽阶段，即将开展试点工作，需求市场还没有真正形成。一旦需求市场形成、企业相关准入条件明确后，将带动各环节相关技术、装备市场繁荣，高性价比、高效安全的技术、装备将是企业的首选，未来需求空间较大。

由于废旧动力电池回收处理产业市场尚未形成，目前相关环境监管政策不够明确，行业产能不稳定，行业特有的污染物处理处置问题尚未受到真正的关注。但是，诸如电解液的处理处置、金属再生过程中的二次污染控制等问题都没有很好的解决方案，一旦回收处理量达到一定规模，不解决好这些潜在环境污染问题，产业不可能走上正轨。因此，相关污染防治技术及装备需要提前开发。

三、产业上下游影响大

当前，新能源汽车产、销两旺，逐年跳跃式大幅增加动力电池社会保有量，2015—2017 年每年新增动力电池社会保有量为 15 万～18 万吨，由此导致今后一段时间里废旧动力电池回收处理需求将持续增大，上游市场利好。废旧动力电池回收后将进行梯次利用、金属再生或无害化处理。梯次利用方式将延长电池使用寿命，相对拉长最终报废时间。目前，我国梯次利用在技术、应用范围、成本等方面均有待改善或创新，短时间内可能无法开展大规模利用，当产生大量报废需求处理空间时，金属再生、无害化处理是解决当务之急的首选。金属再生包括钴、镍、锂、锰、铜、铝等金属，其市场行情受全球影响，目前钴、锂的行情总体看好，其他金属用于动力电池的量占金属产量的比例很小，不足以影响下游材料市场。

随着三元材料电池逐渐成为新能源汽车的主流电池，钴的价格近年来持续上涨。2017 年三元材料电池装机电量为 16.2 GWh，同比增长 157%，占比 45%。2017 年 11 月 27 日—2018 年 2 月 26 日，国内钴价由 47.3 万元/吨上涨到 58.6 万元/吨，涨幅约为 23.8%，且有持续上涨的趋势。2017 年国际巨头大量收购钴，在炒高钴价的同时，也造成了钴价过快上涨的风险。钴价高居不下将推动废旧动力电池中钴回收，回收对象是三元材料动力电池。

镍主要用于不锈钢生产，占比达到 69%～80%，不锈钢及其制品的生产、销售是影响镍价走势的关键。我国 2017 年下半年起开展环保督察，因产能落后、环保设施不达标等原因钢铁厂的产能影响较大，对镍的需求有很大的影响。镍在新能源电池中占比非常低，约占3%，但是增速却是最快的，镍制品中硫酸镍主要应用于三元材料电池、镍氢电池及电镀等领域，2018年硫酸镍价格继续呈看涨趋势。

锰主要用于不锈钢及其制品，环保督察同样也对锰冶金行业产生很大影响，2017年锰价格波动较大。目前，全国电解锰行业总体产能过剩，预计2018年度整体价格上涨空间较小。

2017年电池级碳酸锂价格从年初的12.6万元/吨上涨至18万元/吨之后开始下跌。电池级碳酸锂最高涨幅达到了47.54%，工业级碳酸锂涨幅达到52.73%。由于锂电池在新能源汽车上全面推广使用，导致锂资源开发市场活跃，一些新增和复产锂资源项目开始出现，如银河资源、Orocobre等大型企业均有产能释放。我国积极开发青海湖卤水提锂产业，围绕察尔汗盐湖、东台吉乃尔盐湖、西台吉乃尔盐湖的锂盐开发，蓝科锂业、青海锂业、中信国安3家企业的工业级碳酸锂产能规模达到4万吨，未来将投入开发万吨级的电池级碳酸锂。据预测，随着新增供给的出现，2018—2020年锂行业或会出现数字层面的过剩，但过剩量基本在1万吨以内，维持供需紧平衡状态。

综上所述，目前我国废旧动力电池回收处理市场有待培育，未来回收处理需求空间大，动力电池蕴含的钴、锂等资源再生潜力大，政策导向利好，废旧动力电池回收处理具有公益性，具备较大的投资潜力。另外，必须清醒地认识到市场尚未形成，投资回报周期不确定，梯次利用、金属再生两大技术途径尚有诸多问题待解决，存在一定程度的投资风险。

第三节　2018年市场行情展望

一、回收

国家相关政策明确要求动力电池推行生产者责任制，2017年已有一些新能源汽车生产企业、动力电池生产企业及废电池处理企业着手建设回收试点，预计随着 2018 年动力电池报废量的增加，这些试点将发挥主导作用，带动区域城市动力电池回收产业发展。考虑到目前绝大多数回收责任主体尚未建设完善的回收体系，个体回收、流动商贩回收是主要渠道。

参考新能源商用车电池使用寿命，预计报废汽车拆解企业收到的废新能源商用车及其动力电池会逐步增加；目前重点推广新能源汽车的超大城市、省份会加快回收体系建设步伐，开展回收处理试点工作。从电池种类来看，最终报废的三元材料电池回收继续是热点，废磷酸铁锂电池回收后梯次利用较多，直接用于资源再生的意愿不高。预测 2018 年动力电池回收量将会明显增加，回收、运输过程的安全、环境风险也将同步增加，处理需求空间显著增大。

由于废旧动力电池产生量增加，回收企业布局效果初显，在新能源汽车重点推广城市回收市场将逐步形成，不同城市、区域间存在的回收价格差异将逐步缩小。

二、梯次利用

由于成本、安全性、检测、标准等诸多方面的原因，2018 年废旧动力电池梯次利用将延续 2017 年小范围示范的局面，难以达到大规模应用程度。储能利用、低速电动车、电动自行车仍是梯次利用的主要方向。由于动力电池市场竞争愈发激烈，新材料使用、价格战等将导致动力电池价格下降，梯次利用在可接受的成本范围内，其市场仍有待培育，梯次利用对象依然是降级使用、储能使用。

国家将通过固废资源循环领域重点研发项目等渠道，增加梯次利用相关技术、装备、标准、安全性评估等方面的科技投入，不过考虑到科研项目周期为 3~4 年，近期利用相关成果的可能性较小，还要依靠企业自主经费、风险基金或其他渠道投入。2018 年年初，中国铁塔公司在北京与重庆长安、比亚迪、银隆新能源、沃特玛、国轩高科、桑顿新能源等 16 家企业，举行了新能源汽车动力蓄电池回收利用战略合作伙伴协议签约仪式。

三、金属再生

废旧动力电池金属再生技术研究将继续得到科技部重点研发任务支持，但与梯次利用研究项目一样，短时期内难以获得相关成果支持。2018年金属再生领域将继续延续使用现有技术，其市场规模受动力电池回收量，回收成本，钴、镍、锰等材料市场价格，环境保护要求等方面的影响，总体上朝着规模化、集团化方向发展，处理量偏小、缺乏必要环保设备和措施的企业将会陆续被淘汰。废磷酸铁锂电池经济可行的处理处置方案、废电解液无害化处理处置技术有可能会成为关注的热点。

作为新增产业的重要组成部分，废旧动力电池金属再生不仅受成本、技术、环保等方面的影响，动力电池金属再生可回收钴、镍、锰、锂等金属，这些金属作为原材料，价格受国内外市场影响很大。

因此，动力电池回收处理产业预测前景乐观，但必须清楚地认识到产业发展受政策、技术、装备、环保、国内外市场供求等多元因素的影响。归根到底，废旧动力电池回收处理还是要放在经济可行、资源循环、环境保护的落脚点上。

第六章　优秀企业实践案例

第一节　实践案例——赣州市豪鹏科技有限公司

赣州市豪鹏科技有限公司（简称"赣州豪鹏"）成立于 2010 年 9 月 21 日，公司主营业务为废旧新能源汽车动力电池回收及梯次利用、废旧电池无害化和资源循环利用，是国内最早从事废旧二次电池回收及加工利用的国家级高新技术企业之一，2017 年 8 月被工业和信息化部认定为首批国家级绿色工厂。

赣州豪鹏以"保护环境、再造资源"为己任，发挥示范和带动作用，积极践行循环经济，为废弃新能源动力电池的回收利用做出了努力！自 2013 年起，公司通过制定建设规划、明确职能主体、签订回收协议、界定回收品种、创新回收模式、实行安全运输、科学分类储存、专业处理废电池等方面层层着手，逐一突破，成效显著。在创新回收模式方面尤为突出：一是加强大数据建设；二是实行积分兑换；三是统一标识管理；四是开展公益活动。除了回收活动之外，赣州豪鹏还坚持开展"环保小手工"废旧资源变废为宝的制作竞赛和环保征文大赛等趣味性强的活动，吸引公众积极参与。

赣州豪鹏充分发挥回收站点和加工利用基地的作用，开展以回收利用废弃电池为主兼顾回收其他再生资源的回收体系，打造了一个再生资源回收利用产业链条，并延伸产业链，建立对废弃电池的回收利用深加工模式，促使了回收的再生资源能够得到安全运输和无害化处理。

技术设施方面，拥有 44 项自主开发的专利技术，其中 10 项为发明专利（7 项已授权，3 项已实审），36 项为动力电池循环利用设备专利。

常规环境下废旧二次电池安全拆解－分选技术及设备，废旧电极材料湿法处理分离钴、镍、锂和稀土、有价金属技术，全新的有机物去除工艺，生产用水闭路循环等技术的应用，确保了公司在废旧电池回收利用全过程的绿色无害化。

目前，赣州豪鹏废电池回收利用技术带动其他品种回收活动，已在赣州市地区日常化开展，并与1400余家单位签订了回收合作协议；在赣州豪鹏，一个回收体系网络化、产业链条合理化、资源利用规模化、技术装备领先化、基础设施共享化、环保处理集中化、运营管理规范化的现代化的回收利用基地正悄然成型！

第二节　实践案例——深圳市泰力废旧电池回收技术有限公司

一、企业基本情况

深圳市泰力废旧电池回收技术有限公司（以下简称"泰力公司"）始创于2007年，位于深圳市宝安区，占地6000多 m²，建有深圳市首个废旧电池、废旧电动车回收及绿色清洁能源循环利用示范基地。

泰力公司是专业从事废旧锂离子电池、废旧电动车电池、镍电池、一次性干电池等的回收与技术研发的再生能源高新科技企业。泰力公司研发中心拥有电池回收技术最前沿的研发人才，已为公司成功申请了多项专利技术，同时还自行研发了电动车电池全自动拆线、废旧电池全封闭式自动回收设备。泰力公司先后荣获"国家级高新技术企业""绿色典范影响力企业"、共享经济"优胜企业"等多项荣誉和资质。

泰力公司是一家有中国环保资质的废物—资源—再利用企业，致力于把废旧电池转化为世界可持续发展所需的资源。在为世界提供可持续资源的同时，为人类环境的改善做出贡献。

二、先进案例描述

（一）回收模式方面

采用独特载体循环回收模式，以电池为载体，将循环标识印在电池上，凡电池有标识的，得到了泰力公司专有认证体系认证，这颗电池将会变为可回收的环保电池，可拨打泰力公司回收电话进行回收；线上通过互联网＋进行回收，线下通过建立的3万多个回收网点，可以在相应的门店进行废旧电池交易和回收。

（二）经营管理方面

泰力公司经营管理团队紧密依靠全体员工，面对市场环境新常态，引入精益管理新理念，围绕企业总体目标，按照管理改进方向和具体工作要求，关注重点工作，迎难而上，企业经济整体发展大致平稳，在回收行业始终处于重要地位。

加强内部管理，合理利用资源。保证公司的正常运行，维护生产资料所有者利益，调整人们之间的利益分配，协调人与人之间的关系，充分发挥职工的积极性、智慧和创造力，使职工全身心地投入工作并有效实现目标。

加强控制管理能保证计划目标的实现，可以使复杂的组织活动协调一致，有序运作，可以补充与完善初期制订的计划与目标，可以进行实时纠正，避免损失。①财务控制：财务是公司的管家，公司的发展需要财务来支撑，所以加强财务控制对公司正常运营很有必要。如收入与支出、材料及产品、资金、现金、投资等。②人员控制：可以壮大公司有生力量，提高自身素质，增加分配收入，提高经济效益。如部门划分、人员上岗、管理者、培训者等。③权力控制：可以提高管理者对组织及其成员的影响力，可以提高管理者的组织威信。如权力限制、权限范围、授权控制、滥用权力等。

（三）技术及设施方面

深圳市泰力废旧电池回收技术有限公司作为一家专门回收废旧电池的技术型企业，经过多年的行业积累，对各种电池及型号进行深入系统的研究，试图安全、高效、环保地处理各种废旧电池，并不断开发出新的废旧电池回收工艺及回收设备。

此外，公司多年自主研发出了一种锌、锰废旧干电池产业化回收的方法，并已申请了专利（专利号：201110357507.9）。该成套设备处理能为 300～500 kg/h，噪音低，设备运行时噪音为 35 dB，能耗小，用电量为 35 kW/h，不会产生二次污染。

第三节　实践案例——浙江华友循环科技有限公司

一、企业基本情况

浙江华友钴业股份有限公司（以下简称"华友钴业"）成立于 2002 年，总部位于浙江桐乡经济开发区，是一家专注于锂电新能源材料制造、钴新材料深加工及钴、铜有色金属采、选、冶的高新技术企业，2017 年华友钴业钴产品产量全球市场份额达到 20%。集团已形成"华友资源""华友有色""华友新能源材料"和"华友循环"四大产业板块。华友钴业为客户提供锂电池高性价比原材料、废旧动力蓄电池回收体系、共建梯次利用合作体系、协助客户完成废旧动力蓄电池回收主体责任及再生贵金属材料供应保证。目前，华友钴业的废旧动力蓄电池处理能力达到 6 万吨/年。

浙江华友循环科技有限公司（以下简称"华友循环"）成立于 2017 年 3 月，是华友钴业的全资子公司。该公司专业从事新能源汽车废旧动力蓄电池综合利用，业务包含废旧动力锂电池回收，废旧动力锂电池梯次利用研究及推广，废旧动力锂电池拆解环保、自动化研究，关键材料的高效再生技术研究推广等。

华友循环以华友浙江衢州废旧动力蓄电池回收再生基地为中心辐射长三角地区，同时规划在华北、华中、华南建立废旧动力蓄电池综合利用回收基地，实现技术开发、标准制定、检测服务、梯次利用、再生制造的完整产业链。华友循环收购我国台湾碧伦和韩国TMC，布局境外循环回收体系的建立。

华友循环致力于打造国内安全环保的废旧动力蓄电池回收循环体系，包含回收分选网络、无害化物理拆解中心和提纯冶金中心，能实现安全存储、梯次分选、整车电池包自动化拆解、电芯无害化物理拆解、再生利用等功能。

二、先进案例描述

（一）系统完善的回收体系

华友循环会针对整车企业投放市场量大的城市建立公共回收服务网点，提供测试分选，为合作伙伴挑选梯次使用电池，报废动力蓄电池进入再生体系。华友循环规划在新能源汽车发展好的地级市建设回收分选中心，回收分选中心功能包含自动化储存、安全监控、安全防护，实现梯次电池电池包级别快速分选就近使用；在新能源汽车发展好的省份建立无害化物理拆解中心，包含电池包自动化拆解和电芯无害化物理拆解及梯次利用电池再制造生产，实现废旧动力蓄电池不出省，就近无害化、集中化处理；在新能源汽车发展好的区域（如京津冀、长三角、珠三角）建立再生利用中心，利用华友钴业冶金和环保技术优势、规模优势，实现再生利用的环保保证和经济效益。

（二）经营管理理念

分享创新价值，共担环保职责是华友循环的经营理念，华友循环协助合作伙伴承担废旧动力蓄电池回收的主体责任，为合作伙伴提供全方位服务。公司根据合作伙伴的现实需求提供灵活的回收合作模式，打造世界一流回收生态，树立行业标杆，建立行业标准。合作模式包括：战略合作模式从提供锂电池高性价比材料供货保证,到合建回收渠道锁定废旧动力蓄电池回收,华友循环保证再生材料供应量的一体化合作模式;华友循环可以与合作伙伴共建物理无害化拆解厂、梯次利用项目、再生利用产线的股权合作模式;为合作伙伴提供物理拆解、提纯冶金代工模式;同时也可以根据客户保护知识产权需求,为合作伙伴建立独立运作循环体系。

(三) 先进的处理技术和设备

华友循环始终坚持科技创新和科学管理,在开展易拆卸/拆解、可梯次利用的产品设计与生产,为废旧动力蓄电池安全拆卸/拆解、梯次利用奠定基础。在梯次利用领域,针对大批量的退役动力蓄电池,构建快速检测技术、电池性能快速评估专家系统及分选策略,研发快速分选装置,建设智能化分选生产线。通过动力蓄电池动静态历史数据,评估电池的残余价值,判断电池的可用性,实现电池回收分类判别及梯次利用场景匹配模式,并探索多样化梯次利用领域。确定退役产品的梯次利用失效标准,构建动力蓄电池梯次利用系统方案。在再生利用领域,开展再生利用的机械分选法、自动化拆解、高温热解法、化学萃取法及湿法冶金等常规动力蓄电池再生利用技术研究,提升回收品质与回收效率,降低污染产物。构建第三方评价体系,开展检测认证服务。在现有国标的基础上,合作完善回收利用相关标准和技术规范。

在和中国科学院过程工程研究所开发含钴废料多组分高值化利用项目的基础上,进一步优化工程化方面技术,加强与国内装备制造先进企业合作,开展废旧动力电池拆解、检测、有价金属元素多组分清洁循环利用和电池材料再制备及结构调控等关键技术与设备研究和工程化验证,实现全过程污染控制与系统优化集成,将绿色化理念贯穿到再生资源产业链的各环节和全过程,从回收、分拣、运输,到加工、循环化利用、再制造及废物处理,探索再生资源产业发展新模式。

三、企业成效

在自觉践行绿色发展理念,共同建设美丽中国的今天,华友循环始终秉承"绿水青山就是金山银山"的生态发展之路,做强、做大绿色循环经济,打造绿色产业集聚平台,推动新能源产业蓬勃发展。

华友循环孜孜不倦地追求生产与生态的和谐、经济效益与社会效益的统一,始终坚持资源节约、环境友好、安全生产、绿色制造、和谐共赢的发展理念,投入巨资建成了多个环保综合利用项目。"锂离子电池材料全生命周期绿色制造项目"获得了工业和信息化部的批准。华友循环先后被评为"浙江省工业循环经济示范企业""浙江省绿色企业""全国首批绿色工厂"。2018 年 4 月 17 日,第七届汽车动力蓄电池回收再生暨二次电池回收与再生技术研讨会在北京隆重召开。会上,浙江华友循环荣获"最具成长力企业"荣誉称号。公司通过了 ISO9001、ISO14001、OHSAS18001、GB/T 19022、GB/T 15496 和 AQ/T 9006 管理体系的认证,公司已获得授权专利共 64 项,针对循环回收拥有废旧动力锂电池单体物理无害化处理专利技术和废旧动力锂电池回收钴、镍和锰的核心专利技术,为公司做强做大循环再生产业提供了坚实保障。

附录 A 历年动力电池行业政策法规

中华人民共和国国家发展和改革委员会
中华人民共和国科学技术部
国家环境保护总局
公告

2006 年第 9 号

为促进我国循环经济体系的建设和发展，保护环境，提高资源利用率，落实科学发展观，实现社会经济的可持续发展，国家发展和改革委、科学技术部和国家环保总局联合制定了《汽车产品回收利用技术政策》（以下简称《技术政策》）。

《技术政策》是推动我国对汽车产品报废回收制度建立的指导性文件，目的是指导汽车生产和销售及相关企业启动、开展并推动汽车产品的设计、制造和报废、回收、再利用等项工作。国家将适时建立《技术政策》中提出的有关制度，并在 2010 年之前陆续开始颁布实施。

附件：汽车产品回收利用技术政策（略）

国家发展改革委
科学技术部
国家环保总局
二〇〇六年二月六日

国务院办公厅关于加快新能源汽车
推广应用的指导意见

国办发〔2014〕35 号

各省、自治区、直辖市人民政府，国务院各部委、各直属机构：

为全面贯彻落实《国务院关于印发节能与新能源汽车产业发展规划（2012—2020 年）的通知》（国发〔2012〕22 号），加快新能源汽车的推广应用，有效缓解能源和环境压力，促进汽车产业转型升级，经国务院批准，现提出以下指导意见：

一、总体要求

（一）指导思想。贯彻落实发展新能源汽车的国家战略，以纯电驱动为新能源汽车发展的主要战略取向，重点发展纯电动汽车、插电式（含增程式）混合动力汽车和燃料电池汽车，以市场主导和政府扶持相结合，建立长期稳定的新能源汽车发展政策体系，创造良好发展环境，加快培育市场，促进新能源汽车产业健康快速发展。

（二）基本原则

创新驱动，产学研用结合。新能源汽车生产企业和充电设施生产建设运营企业要着力突破关键核心技术，加强商业模式创新和品牌建设，不断提高产品质量，降低生产成本，保障产品安全和性能，为消费者提供优质服务。

政府引导，市场竞争拉动。地方政府要相应制定新能源汽车推广应用规划，促进形成统一、竞争、有序的市场环境。建立和规范市场准入标准，鼓励社会资本参与新能源汽车生产和充电运营服务。

双管齐下，公共服务带动。把公共服务领域用车作为新能源汽车推广应用的突破口，扩大公共机构采购新能源汽车的规模，通过示范使用增强社会信心，降低购买使用成本，引导个人消费，形成良性循环。

因地制宜，明确责任主体。地方政府承担新能源汽车推广应用主体责任，要结合地方经济社会发展实际，制定具体实施方案和工作计划，明确工作要求和时间进度，确保完成各项目标任务。

二、加快充电设施建设

（三）制定充电设施发展规划和技术标准。完善充电设施标准体系建设，制定实施新能源汽车充电设施发展规划，鼓励社会资本进入充电设施建设领域，积极利用城市中现有的场地和设施，推进充电设施项目建设，完善充电设施布局。电网企业要做好相关电力基础网络建设和充电设施报装增容服务等工作。

（四）完善城市规划和相应标准。将充电设施建设和配套电网建设与改造纳入城市规划，完善相关工程建设标准，明确建筑物配建停车场、城市公共停车场预留充电设施建设条件的要求和比例。加快形成以使用者居住地、驻地停车位（基本车位）配建充电设施为主体，以城市公共停车位、路内临时停车位配建充电设施为辅助，以城市充电站、换电站为补充的，数量适度超前、布局合理的充电设施服务体系。研究在高速公路服务区配建充电设施，积极构建高速公路城际快充网络。

（五）完善充电设施用地政策。鼓励在现有停车场（位）等现有建设用地上设立他项权利建设充电设施。通过设立他项权利建设充电设施的，可保持现有建设用地已设立的土地使用权及用途不变。在符合规划的前提下，利用现有建设用地新建充电站的，可采用协议方式办理相关用地手续。政府供应独立新建的充电站用地，其用途按城市规划确定的用途管理，应采取招标拍卖挂牌方式出让或租赁方式供应土地，可将建设要求列入供地条件，底价确定可考虑政府支持的要求。供应其他建设用地需配建充电设施的，可将配建要求纳入土地供应条件，依法妥善处理充电设施使用土地的产权关系。严格充电站的规划布局和建设标准管理。严格充电站用地改变用途管理，确需改变用途的，应依法办理规划和用地手续。

（六）完善用电价格政策。充电设施经营企业可向电动汽车用户收取电费和充电服务费。2020年前，对电动汽车充电服务费实行政府指导价管理。对向电网经营企业直接报装接电的经营性集中式充电设施用电，执行大工业用电价格；对居民家庭住宅、居民住宅小区等非经营性分散充电桩按其所在场所执行分类目录电价；对党政机关、企事业单位和社会公共停车场中设置的充电设施用电执行一般工商业及其他类用电价格。电动汽车充电设施用电执行峰谷分时电价政策。将电动汽车充电设施配套电网改造成本纳入电网企业输配电价。

（七）推进充电设施关键技术攻关。依托国家科技计划加强对新型充电设施及装备技术、前瞻性技术的研发，对关键技术的检测认证方法、充电设施消防安全规范以及充电网络监控和运营安全等方面给予科技支撑。支持企业探索发展适应行业特征的充电模式，实现更安全、更方便的充电。

（八）鼓励公共单位加快内部停车场充电设施建设。具备条件的政府机关、公共机构及企事业等单位新建或改造停车场，应当结合新能源汽车配备更新计划，充分考虑职工购买新能源汽车的需要，按照适度超前的原则，规划设置新能源汽车专用停车位、配建充电桩。

（九）落实充电设施建设责任。地方政府要把充电设施及配套电网建设与改造纳入城市建设规划，因地制宜制定充电设施专项建设规划，在用地等方面给予政策支持，对建设运营给予必要补贴。电网企业要配合政府做好充电设施建设规划。

三、积极引导企业创新商业模式

（十）加快售后服务体系建设。进一步放宽市场准入，鼓励和支持社会资本进入新能源汽车充电设施建设和运营、整车租赁、电池租赁和回收等服务领域。新能源汽车生产企业要积极提高售后服务水平，加快品牌培育。地方政府可通过给予特许经营权等方式保护投资主体初期利益，商业场所可将充电费、服务费与停车收费相结合给予优惠，个人拥有的充电设施也可对外提供充电服务，地方政府负责制定相应的服务标准。研究制定动力电池回收利用政策，探索利用基金、押金、强制回收等方式促进废旧动力电池回收，建立健全废旧动力电池循环利用体系。

（十一）积极鼓励投融资创新。在公共服务领域探索公交车、出租车、公务用车的新能源汽车融资租赁运营模式，在个人使用领域探索分时租赁、车辆共享、整车租赁以及按揭购买新能源汽车等模式，及时总结推广科学有效的做法。

（十二）发挥信息技术的积极作用。不断提高现代信息技术在新能源汽车商业运营模式创新中的应用水平，鼓励互联网企业参与新能源汽车技术研发和运营服务，加快智能电网、移动互联网、物联网、大数据等新技术应用，为新能源汽车推广应用带来更多便利和实惠。

四、推动公共服务领域率先推广应用

（十三）扩大公共服务领域新能源汽车应用规模。各地区、各有关部门要在公交车、出租车等城市客运以及环卫、物流、机场通勤、公安巡逻等领域加大新能源汽车推广应用力度，制定机动车更新计划，不断提高新能源汽车运营比重。新能源汽车推广应用城市新增或更新车辆中的新能源汽车比例不低于30%。

（十四）推进党政机关和公共机构、企事业单位使用新能源汽车。2014—2016年，中央国家机关以及新能源汽车推广应用城市的政府机关及公共机构购买的新能源汽车占当年配备更新车辆总量的比例不低于30%，以后逐年扩大应用规模。企事业单位应积极采取租赁和完善充电设施等措施，鼓励本单位职工购买使用新能源汽车，发挥对社会的示范引领作用。

五、进一步完善政策体系

（十五）完善新能源汽车推广补贴政策。对消费者购买符合要求的纯电动汽车、插电式（含增程式）混合动力汽车、燃料电池汽车给予补贴。中央财政安排资金对新能源汽车推广应用规模较大和配套基础设施建设较好的城市或企业给予奖励，奖励资金用于充电设施建设等方面。

有关方面要抓紧研究确定 2016—2020 年新能源汽车推广应用的财政支持政策，争取于 2014 年底前向社会公布，及早稳定企业和市场预期。

（十六）改革完善城市公交车成品油价格补贴政策。城市公交车行业是新能源汽车推广的优先领域，通过逐步减少对城市公交车燃油补贴和增加对新能源公交车运营补贴，将补贴额度与新能源公交车推广目标完成情况相挂钩，形成鼓励新能源公交车应用、限制燃油公交车增长的机制，加快新能源公交车替代燃油公交车步伐，促进城市公交行业健康发展。

（十七）给予新能源汽车税收优惠。2014 年 9 月 1 日至 2017 年 12 月 31 日，对纯电动汽车、插电式（含增程式）混合动力汽车和燃料电池汽车免征车辆购置税。进一步落实《中华人民共和国车船税法》及其实施条例，研究完善节约能源和新能源汽车车船税优惠政策，并做好车船税减免工作。继续落实好汽车消费税政策，发挥税收政策鼓励新能源汽车消费的作用。

（十八）多渠道筹集支持新能源汽车发展的资金。建立长期稳定的发展新能源汽车的资金来源，重点支持新能源汽车技术研发、检验测试和推广应用。

（十九）完善新能源汽车金融服务体系。鼓励银行业金融机构基于商业可持续原则，建立适应新能源汽车行业特点的信贷管理和贷款评审制度，创新金融产品，满足新能源汽车生产、经营、消费等各环节的融资需求。支持符合条件的企业通过上市、发行债券等方式，拓宽企业融资渠道。鼓励汽车金融公司发行金融债券，开展信贷资产证券化，增加其支持个人购买新能源汽车的资金来源。

（二十）制定新能源汽车企业准入政策。研究出台公开透明、操作性强的新建新能源汽车生产企业投资项目准入条件，支持社会资本和具有技术创新能力的企业参与新能源汽车科研生产。

（二十一）建立企业平均燃料消耗量管理制度。制定实施基于汽车企业平均燃料消耗量的积分交易和奖惩办法，在考核企业平均燃料消耗量时对新能源汽车给予优惠，鼓励新能源汽车的研发生产和销售使用。

（二十二）实行差异化的新能源汽车交通管理政策。有关地区为缓解交通拥堵采取机动车限购、限行措施时，应当对新能源汽车给予优惠和便利。实行新能源汽车独立分类注册登记，便于新能源汽车的税收和保险分类管理。在机动车行驶证上标注新能源汽车类型，便于执法管理中有效识别区分。改进道路交通技术监控系统，通过号牌自动识别系统对新能源汽车的通行给予便利。

六、坚决破除地方保护

（二十三）统一标准和目录。各地区要严格执行全国统一的新能源汽车和充电设施国家标准和行业标准，不得自行制定、出台地方性的新能源汽车和充电设施标准。各地区要执行国家统一的新能源汽车推广目录，不得采取制定地方推广目录、对新能源汽车进行重复检测检验、要求汽车生产企业在本地设厂、要求整车企业采购本地生产的电池、电机等零部件等违规措施，阻碍外地生产的新能源汽车进入本地市场，以及限制或变相限制消费者购买外地及某一类新能源汽车。

（二十四）规范市场秩序。有关部门要加强对新能源汽车市场的监管，推进建设统一开放、有序竞争的新能源汽车市场。坚决清理取消各地区不利于新能源汽车市场发展的违规政策措施。

七、加强技术创新和产品质量监管

（二十五）加大科技攻关支持力度。通过国家科技计划，对新能源汽车储能系统、燃料电池、驱动系统、整车控制和信息系统、充电加注、试验检测等共性关键技术以及整车集成技术集中力量攻关，不断完善科技创新体系建设。

（二十六）组织实施产业技术创新工程。加快研究和开发适应市场需求、有竞争力的新能源汽车技术和产品，加大研发和检测能力投入，通过联合开发，加快突破重大关键技术，不断提高产品质量和服务能力，降低能源消耗，加快建立新能源汽车产业技术创新体系。

（二十七）完善新能源汽车产品质量保障体系。新能源汽车产品质量的责任主体是生产企业，生产企业要建立质量安全责任制，确保新能源汽车安全运行。支持建立行业性新能源汽车技术支撑平台，提高新能源汽车技术服务和测试检验水平。建立新能源汽车产品抽检制度，通过市场抽样和性能检测，加强对产品的质量监管和一致性监管。研究建立车用动力电池准入管理制度。

八、进一步加强组织领导

（二十八）加强地方政府的组织推动作用。各有关地方政府要切实加强组织领导，建立由主要负责同志牵头、各职能部门参加的新能源汽车工作联席会议制度，结合本地实际制定细化支持政策和配套措施，形成多方合力。要加强指标考核，建立以实际运营车辆和便利使用环境为主要指标的考核体系，明确工作要求和时间进度，确保按时保质完成各项目标任务。

（二十九）加强部门间的统筹协调。节能与新能源汽车产业发展部际联席会议及其办公室要及时协调解决新能源汽车推广应用中的重大问题，部门间要加强协同配合，提高工作效率。要加强对各地区的督促考核，定期在媒体公开各地区任务完成情况。财政奖励资金要与推广目标完成情况、基础设施网络配套及社会使用环境建设等挂钩，建立新能源汽车推广城市退出机制。要及时总结成功经验，在全国组织推广交流活动，促进各地相互学习借鉴、共同提高。

（三十）加强宣传引导和舆论监督。各有关部门和新闻媒体要通过多种形式大力宣传新能源汽车对降低能源消耗、减少污染物排放的重大作用，组织业内专家解读新能源汽车的综合成本优势。要通过媒体宣传，提高全社会对新能源汽车的认知度和接受度，同时对损害消费者权益、弄虚作假等行为给予曝光，形成有利于新能源汽车消费的氛围。

国务院办公厅

2014 年 7 月 14 日

关于 2016—2020 年新能源汽车推广应用
财政支持政策的通知

财建〔2015〕134 号

各省、自治区、直辖市、计划单列市财政厅（局）、科技厅（局、科委）、工业和信息化主管部门、发展改革委：

新能源汽车推广应用工作实施以来，销售数量快速增加，产业化步伐不断加快。为保持政策连续性，促进新能源汽车产业加快发展，按照《国务院办公厅关于加快新能源汽车推广应用的指导意见》（国办发〔2014〕35 号）等文件要求，财政部、科技部、工业和信息化部、发展改革委（以下简称"四部委"）将在 2016—2020 年继续实施新能源汽车推广应用补助政策。现将有关事项通知如下：

一、补助对象、产品和标准

四部委在全国范围内开展新能源汽车推广应用工作，中央财政对购买新能源汽车给予补助，实行普惠制。具体的补助对象、产品和标准是：

（一）补助对象。补助对象是消费者。新能源汽车生产企业在销售新能源汽车产品时按照扣减补助后的价格与消费者进行结算，中央财政按程序将企业垫付的补助资金再拨付给生产企业。

（二）补助产品。中央财政补助的产品是纳入"新能源汽车推广应用工程推荐车型目录"（以下简称"推荐车型目录"）的纯电动汽车、插电式混合动力汽车和燃料电池汽车。

（三）补助标准。补助标准主要依据节能减排效果，并综合考虑生产成本、规模效应、技术进步等因素逐步退坡。2016 年各类新能源汽车补助标准见附件 1。2017—2020 年除燃料电池汽车外其他车型补助标准适当退坡，其中：2017—2018 年补助标准在 2016 年基础上下降 20%，

2019—2020 年补助标准在 2016 年基础上下降 40%。

二、对企业和产品的要求

新能源汽车生产企业应具备较强的研发、生产和推广能力，应向消费者提供良好的售后服务保障，免除消费者后顾之忧；纳入中央财政补助范围的新能源汽车产品应具备较好的技术性能和安全可靠性。基本条件是：

（一）产品性能稳定并安全可靠。纳入中央财政补助范围的新能源汽车产品应符合新能源汽车纯电动续驶里程等技术要求，应通过新能源汽车专项检测、符合新能源汽车相关标准。其中，插电式混合动力汽车还需符合相关综合燃料消耗量要求。纳入中央财政补助范围的新能源汽车产品技术要求见附件 2。

（二）售后服务及应急保障完备。新能源汽车生产企业要建立新能源汽车产品质量安全责任制，完善售后服务及应急保障体系，在新能源汽车产品销售地区建立售后服务网点，及时解决新能源汽车技术故障。

（三）加强关键零部件质量保证。新能源汽车生产企业应对消费者提供动力电池等储能装置、驱动电机、电机控制器质量保证，其中乘用车生产企业应提供不低于 8 年或 12 万公里（以先到者为准，下同）的质保期限，商用车生产企业（含客车、专用车、货车等）应提供不低于 5 年或 20 万公里的质保期限。汽车生产企业及动力电池生产企业应承担动力电池回收利用的主体责任。

（四）确保与《车辆生产企业及产品公告》保持一致。新能源汽车生产企业应及时向社会公开车辆基本性能信息，并保证所销售的新能源汽车与《车辆生产企业及产品公告》（以下简称《公告》）及"推荐车型目录"内产品一致。

三、资金申报和下达

（一）年初预拨补助资金。每年 2 月底前，生产企业将本年度新能源汽车预计销售情况通过企业注册所在地财政、科技、工信、发改部门（以下简称"四部门"）申报，由四部门负责审核并于 3 月底前逐级上报至四部委。四部委组织审核后按照一定比例预拨补助资金。

（二）年度终了后进行资金清算。年度终了后，2月底前，生产企业提交上年度的清算报告及产品销售、运行情况，包括销售发票、产品技术参数和车辆注册登记信息等，按照上述渠道于3月底前逐级上报至四部委。四部委组织审核并对补助资金进行清算。

四、工作要求

各地要科学制定地方性扶持政策，进一步加大环卫、公交等公益性行业新能源汽车推广支持力度，和中央财政支持政策形成互补和合力，加快完善新能源汽车应用环境。四部委将加强对新能源汽车推广情况的监督、核查。有下列情形之一的，四部委将视情节给予通报批评、扣减补助资金、取消新能源汽车补助资格、暂停或剔除"推荐车型目录"中有关产品等处罚措施：

（一）提供虚假技术参数，骗取产品补助资格的；

（二）提供虚假推广信息，骗取财政补助资金的；

（三）销售产品的关键零部件型号、电池容量、技术参数等与《公告》产品不一致的。

五、实施期限及其他

本政策实施期限是2016—2020年，四部委将根据技术进步、产业发展、推广应用规模、成本变化等因素适时调整补助政策。

对地方政府的新能源汽车推广要求和考核奖励政策将另行研究制定。

附件：1. 2016年新能源汽车推广应用补助标准（略）

2. 纳入中央财政补助范围的新能源汽车产品技术要求（略）

3. 单位载质量能量消耗量评价指标说明（略）

财政部　科技部

工业和信息化部

发展改革委

2015年4月22日

中华人民共和国国家发展和改革委员会
中华人民共和国工业和信息化部
中华人民共和国环境保护部
中华人民共和国商务部
国家质量监督检验检疫总局
公告

2016 年第 2 号

为贯彻落实《循环经济促进法》，引导电动汽车动力蓄电池有序回收利用，保障人身安全，防止环境污染，促进资源循环利用，根据《节能与新能源汽车产业发展规划（2012—2020》、《国务院办公厅关于加快新能源汽车推广应用的指导意见》（国办发〔2014〕35 号）的要求，国家发展改革委、工业和信息化部、环境保护部、商务部、质检总局组织制定了《电动汽车动力蓄电池回收利用技术政策（2015 年版)》，现予以发布。

附件：电动汽车动力蓄电池回收利用技术政策（2015 年版）（略）

国家发展改革委

工业和信息化部

环境保护部

商务部

质检总局

2016 年 1 月 5 日

工业和信息化部　商务部　科技部关于加快推进
再生资源产业发展的指导意见

工信部联节〔2016〕440 号

各省、自治区、直辖市及计划单列市、新疆生产建设兵团工业和信息化、商务、科技主管部门，有关行业协会，有关单位：

为贯彻落实《中华人民共和国国民经济和社会发展第十三个五年规划纲要》《中国制造 2025》（国发〔2015〕28 号），引导和推进"十三五"时期再生资源产业持续健康快速发展，提出如下意见：

一、充分认识发展再生资源产业的重要性

"十二五"以来，我国再生资源产业规模不断扩大，2015 年，我国主要再生资源回收利用量约为 2.46 亿吨，产业规模约 1.3 万亿元。一大批再生资源企业发展壮大，在一些地区已形成了初具规模的产业集聚园区。再生资源产业技术和装备水平大幅提升，发展模式不断创新。再生资源的开发利用，已成为国家资源供给的重要来源，在缓解资源约束、减少环境污染、促进就业、改善民生等方面发挥了积极作用。但与此同时，也面临着一些突出问题，主要表现为循环利用理念尚未在全社会普及，回收利用体系有待健全，产业集约化程度偏低，技术装备水平总体不高，再生产品社会认知度低，配套政策不完善，服务体系尚未建立，标准、统计、人才等基础能力薄弱。

"十三五"时期，我国发展仍处于可以大有作为的重要战略机遇期，经济发展进入新常态，提质增效、转型升级对绿色发展的要求更加紧迫。随着钢材、有色金属等原材料社会消费积蓄量及电器电子产品、塑料、橡胶制品等报废量持续增加，再生资源数量和种类也随之大幅度增长，再生资源产业发展潜力巨大。

再生资源产业发展是生态文明建设的重要内容，是实现绿色发展的重要手段，也是应对气候变化、保障生态安全的重要途径。推动再生资源产业健康持续发展，对转变发展方式，实现资源循环利用，将起到积极的促进作用。大力发展再生资源产业，对全面推进绿色制造、实现绿色增长、引导绿色消费也具有重要意义。

二、总体要求

（一）指导思想

全面贯彻党的十八大和十八届三中、四中、五中、六中全会精神，牢固树立并贯彻创新、协调、绿色、开放、共享的发展理念，着力推进供给侧结构性改革，以再生资源产业转型升级为主线，以创新体制机制为保障，加强法规标准建设，提升产业技术装备水平，提高再生资源产品附加值，加快推动再生资源产业绿色化、循环化、协同化、高值化、专业化、集群化发展，推动再生资源产业发展成为绿色环保产业的重要支柱和新的经济增长点，形成适应我国国情的再生资源产业发展模式，为加快工业绿色发展和生态文明建设做出贡献。

（二）基本原则

市场主导、政府引导。充分发挥市场在资源配置中的决定性作用，以企业为主体，完善相关支持政策，激发企业活力和创造力。加强政府在制度建设、政策制定及行业发展等方面的引导作用，为企业发展创造良好环境。

突出重点、分类施策。以产生量大、战略性强、易于回收利用的再生资源品种为重点，分类指导，精准施策，完善技术规范，实行分重点、分品种、分领域的定制化管理。

创新驱动、转型升级。加强产学研用相结合，推广先进适用关键技术，推动商业模式创新和制度创新，促进再生资源产业结构转型升级、跨越发展。

试点示范、模式推广。组织实施试点示范工程，鼓励优秀企业先行先试，因地制宜，形成可复制、可推广、可借鉴的经验，促进再生资源产业向集聚化、专业化方向发展。

（三）主要目标

到 2020 年，基本建成管理制度健全、技术装备先进、产业贡献突出、抵御风险能力强、健康有序发展的再生资源产业体系，再生资源回收利用量达到 3.5 亿吨。建立较为完善的标准规范，产业发展关键核心技术取得新的突破，培育一批具有市场竞争力的示范企业，再生资源产业进一步壮大。

三、主要任务

（一）绿色化发展，保障生态环境安全。将绿色化理念贯穿到再生资源产业链的各环节和全过程，从回收、分拣、运输，到加工、循环化利用、再制造以及废物处理处置，严格执行环保、安全、卫生、劳动保护、质量标准，推动再生资源综合利用企业完善环保制度，加强环保设施建设和运营管理，推进清洁生产，实现达标排放，防止二次污染，保障生态环境安全。

（二）循环化发展，推进产业循环组合。结合"一带一路"建设、京津冀协同发展、长江经济带发展，科学规划，统筹产业带、产业园区的空间布局，鼓励企业之间和产业之间建立物质流、信息流、资金流、产品链紧密结合的循环经济联合体，延伸再生资源产业链条，提升再生资源产品附加值，实现资源跨企业、跨行业、跨产业、跨区域循环利用。

（三）协同化发展，提升产业创新能力。强化企业技术创新主体地位，鼓励企业加大研发投入，加强企业与高等院校、科研院所的紧密结合，鼓励和支持建立产学研用创新联盟，协同开展关键共性技术攻关。积累一批核心技术知识产权，加快技术成果转化应用。以物联网和大数据为依托，围绕重点领域，瞄准未来技术发展制高点，建设一批产业集聚、优势突出、产学研用有机结合、引领示范作用显著的再生资源产业示范基地，提升成套装备制造的科技创新能力。

（四）高值化发展，促进产品结构升级。提高资源利用效率，推动向高值化利用转变，确保再生产品质量安全。提高再生产品附加值，避免低水平利用和"只循环不经济"。修订完善再生资源产品相关标准体系，鼓励使用经过认定后的再生资源产品。采用再制造新品抵押，实施再制造工程。着力加强再生资源的深加工，提高产品附加值。

（五）专业化发展，提高资源利用效率。推动废旧机电产品、汽车、电器电子产品、电池等再生资源利用规模化和精细化发展。根据分行业、分品种的再生资源特征，开展行业规范条件及生产者责任延伸制度等分类指导管理。依托电信运营商的服务网点，探索建立废旧手机、电池、充电器等通信产品回收利用新模式。依托"互联网＋"，建立线上线下融合的回收模式，不断提高重点品种特别是低值再生资源回收率。

（六）集群化发展，实现产业集聚配套。鼓励再生资源综合利用企业集聚发展。鼓励通过兼并、重组、联营等方式，提高行业集中度。在废有色金属、废塑料、废弃电器电子产品资源化利用等重点领域，依靠技术创新驱动，实现规模化发展。促进再生资源回收体系、国家"城市矿产"示范基地、资源循环利用基地产业链有效衔接，建立产业良性发展环境，探索符合产业发展规律的商业模式，培育再生资源龙头企业。

四、重点领域

（一）废钢铁。结合各地区钢铁产能和废钢资源量，合理规划废钢加工配送企业布局，保障区域市场稳定和资源供应。继续加强废钢铁加工行业规范管理，健全废钢铁产品标准体系，推动完善废钢利用产业政策和税收政策，促进钢铁企业多用废钢。鼓励废钢铁供给企业与钢铁利用企业深度合作，促进废钢铁"回收—加工—利用"产业链有效衔接，形成可推广的产业创新模式。到2020年，引导废钢铁加工企业规范发展，废钢消耗量达到1.5亿吨。

（二）废有色金属。推进以龙头企业、试点示范企业为主体的废有色金属回收利用体系建设，利用信息化提升废有色金属交易智能化水平。引导企业进入园区，推进清洁生产，实现集中生产、废水集中处理，防止二次污染。到2020年，废有色金属利用规模达到1800万吨，其中再生铜440万吨，再生铝900万吨，再生铅250万吨，再生锌210万吨。

（三）废塑料。大力推进废塑料回收利用体系建设，支持不同品质废塑料的多元化、高值化利用。以当前资源量大、再生利用率高的品种为重点，鼓励开展废塑料重点品种再生利用示范，推广规模化的废塑料破碎—分选—改性—造粒先进高效生产线，培育一批龙头企业。积极推动低品质、易污染环境的废塑料资源化利用，鼓励对生活垃圾塑料进行无污染的能源化利用，逐步减少废塑料填埋。到2020年，国内产生的废塑料回收利用规模达2300万吨。

（四）废纸。加快推进废纸分拣加工中心规范建设，在重点区域建立大型废纸仓储物流交易中心，有效降低废纸区域间流动成本。提升废纸分拣加工自动化水平和标准化程度，推广废纸自动分选技术和装备，提高废纸回收利用率和高值化利用水平。推动废纸利用过程中的废弃物资源化利用和无害化处置，降低废纸加工利用过程中的环境影响。到2020年，国内废纸回收利用规模达到5500万吨，国内废纸回收利用率达到50%。

（五）废旧轮胎。开发轮胎翻新再制造先进技术，推行轮胎翻新先进技术保障体系建设，实施产品质量监控管理，确保翻新轮胎的产品质量。研发和推广高效、低耗废轮胎橡胶粉、新型环保再生橡胶及热裂解生产技术与装备，实现废轮胎的环保达标利用。到2020年，废轮胎回收环保达标利用规模达到850万吨，轮胎翻新率达到8%～10%。

（六）废弃电器电子产品。积极落实《废弃电器电子产品回收处理管理条例》，推进废弃电器电子产品处理目录产品的回收利用。加强废弃电器电子产品资源化利用，大力开发资源化利用技术装备，研究制定废弃电器电子产品资源化利用评价指标体系，建立废弃电器电子产品资源化利用"领跑者"制度。开展电器电子产品生产者责任延伸试点，探索形成适合不同品种特点的生产者责任延伸模式。到2020年，废弃电器电子产品回收利用量达到6.9亿台。

（七）报废机动车。推动报废汽车拆解资源化利用装备制造，积极推进发动机及主要零部件再制造，实施再制造产品认定，发布再制造产品技术目录，制定汽车零部件循环使用标准规范，实现报废机动车零部件高值化利用。开展新能源汽车动力电池回收利用试点，建立完善废旧动力电池资源化利用标准体系，推进废旧动力电池梯级利用。通过创新回收机制、探索建立生产者责任延伸制度、提升资源化利用技术水平，打造完善的报废汽车资源化产业链。到 2020 年，报废机动车再生利用率达到 95%。

（八）废旧纺织品。推动建设废旧纺织品回收利用体系，规范废旧纺织品回收、分拣、分级利用机制。开发废旧瓶片物理法、化学法兼备的高效连续生产关键技术，突破废旧纺织品预处理与分离技术、纤维高值化再利用及制品生产技术。支持利用废旧纺织品、废旧瓶片生产再生纱线、再生长丝、再生短纤、建筑材料、市政材料、汽车内饰材料、建材产品等，提高废旧纺织品在土工建筑、建材、汽车、家居装潢等领域的再利用水平。到 2020 年，废旧纺织品综合利用总量达到 900 万吨。

五、重大试点示范

（一）废钢铁精选炉料示范

围绕废钢铁中含有铜、铝等有色金属及塑料、橡胶等夹杂物，开发推广废钢铁自动高效分选技术与装备，提高废钢铁炉料品质，实现精料入炉。到 2020 年，全国钢铁生产利用废钢比例达到 15%。

（二）废有色金属高值化利用示范

开发原料处理、火法冶炼、湿法分离、有价金属提炼等先进工艺，开展废铜直接制杆生产高导电铜、黄杂铜生产高精度板带等高值化利用，提高铜、镍、金、银、铂、钯等金属利用效率，建设再生高温合金万吨级、再生硬质合金、钛及钛合金、钼及钼合金千吨级、再生贵金属吨级以上战略稀贵金属资源化示范企业。

（三）废塑料高值高质利用示范

重点研发废塑料自动识别及分选技术，纸塑、铝塑、钢塑复合材料等分离技术，开发废塑料改性等高值化利用技术、废塑料回收利用二次污染控制技术及专用设备，建设一批生产规模不低于 20 万吨/年的龙头企业，重点支持一批高效再生利用、有效促进环境保护的废塑料回收利用示范企业，大幅提升塑料再生产品品质，提高市场竞争力。

（四）废纸再生利用示范

以废纸产生量大、利用量大的区域为重点，完善收运、分选、打包等物流体系，建设电子交易平台，提供资金、交易、信息等综合服务，培育 3~5 家经营量在 30 万吨以上大型废纸加工交易示范基地，在区域废纸供应链中发挥重要集聚功能。

（五）废橡胶清洁化利用示范

开发再生橡胶绿色化、智能化、连续化成套设备，研发工业连续化整胎热裂解技术装备，推广连续密闭再生胶生产、负压裂解等技术，扩大改性沥青、高强力再生胶、高品质炭黑等产品推广应用，培育 10 家左右废橡胶清洁化和高值化利用示范企业。

（六）电器电子产品生产者责任延伸试点示范

围绕履行电器电子产品回收和资源化利用为重点，建成一批生产者责任延伸标杆企业，培育一批包括行业组织在内的第三方机构，扶持若干技术、检测认证及信息服务等支撑机构，形成适合不同电器电子产品特点的生产者责任延伸模式。

（七）新能源动力电池回收利用示范

重点围绕京津冀、长三角、珠三角等新能源汽车发展集聚区域，选择若干城市开展新能源汽车动力蓄电池回收利用试点示范，通过物联网、大数据等信息化手段，建立可追溯管理系统，支持建立普适性强、经济性好的回收利用模式，开展梯级利用和再利用技术研究、产品开发及示范应用。

（八）废旧纺织品综合利用示范

推动废旧纺织品及废旧瓶片分离、利用技术产业化，研发推广适合国情的废旧纺织品及废旧瓶片快速检测、分拆、破碎设备，物理法、化学法兼备的高效连续生产关键技术，废旧涤纶、涤棉纺织品、纯棉纺织品再利用技术，开发一批高附加值产品。围绕回收箱等社会回收方式与高校、社区等合作共建回收体系，形成废旧纺织品回收、分类、利用全流程规范化示范。建设 10 家废旧纺织品及废旧瓶片综合利用规范化示范项目。

（九）再生资源产业创新发展中心示范

以企业为主体，推动再生资源上下游产业链协同创新，加强政、产、学、研、用深度融合，探索技术创新、制度创新、商业模式创新的全过程创新发展模式，推动再生资源产业发展壮大。到2020年，围绕再生资源主要领域，形成20家左右再生资源产业创新发展中心。

（十）再生资源产业国际合作示范

鼓励和支持有实力的企业积极参与国际合作，利用我国再生资源综合利用产业的产能、技术与资金优势，促进我国再生资源产业从传统的"原料进口＋产品输出"转向"投资＋贸易"方式。到2020年，力争培育一批具有国际影响力的企业，推动一批国际合作重点项目，探索共建再生资源国际合作示范园区。

六、保障措施

（一）完善法规制度。推动相关法律制度建设，加快再生资源产业发展法制化进程。探索生产者责任延伸新模式，建立健全生产者责任延伸制度。研究建立再生资源材料使用制度，将再生资源产品纳入政府采购目录，鼓励再生材料和产品应用。完善再生资源综合利用行业规范条件制度，发布符合行业规范条件的企业名单。

（二）强化技术支撑。完善再生资源产业发展创新驱动机制，将资源循环利用共性关键技术研发列入国家科技计划。研究设立再生资源产业发展专项基金，加大对再生资源技术装备产业化和公共平台建设的支持力度。支持企业与高校、科研机构等开展产学研联合，加快新技术、新工艺、新材料、新产品和新设备的推广应用。鼓励企业研发综合利用先进技术装备及促进成果转化。

（三）创新管理模式。研究制定企业负面清单。依托"互联网＋"，建立再生资源产业服务平台和信用评估系统，促进规范化再生资源利用企业发布环境保护和企业社会责任报告；以再生资源品种、产业规模、技术规范、产品标准等为重点，建立以促进资源化为目标的再生资源标准体系。

（四）加大政策支持力度。发挥财政资金对产业发展的引导作用，加大工业转型升级、节能减排等专项财政资金支持力度。落实资源综合利用税收优惠政策，加快再生产品、再制造等绿色产品的推广应用。发展绿色信贷，支持符合条件的再生资源企业，通过上市、发行企业债券、票据等多渠道筹措资金，破解企业融资难题。

（五）加强基础能力建设。加强再生资源产业相关指标信息监测，通过大数据，实现再生资源数据监测、统计分析、产品交易等技术服务。培养建立再生资源产业发展人才队伍，开展行业骨干技术人员培训，发挥产业发展专业人才带动作用。

（六）加强舆论宣传。加强舆论宣传引导，开展多层次、多形式的宣传活动，提高公众对再生资源产业发展在生态文明建设中重要作用的认识。对实施效果好的资源再生利用典型项目进行交流推广，组织发布资源再生利用典型模式案例，通过现场推介会、电视、报刊、网络等各种媒介进行宣传推广。

工业和信息化部

商务部

科技部

2016 年 12 月 21 日

环境保护部公告

2016 年第 82 号

关于发布《铅蓄电池再生及生产污染防治技术政策》和
《废电池污染防治技术政策》的公告

为贯彻《中华人民共和国环境保护法》，完善环境技术管理体系，指导污染防治，保障人体健康和生态安全，引导行业绿色循环低碳发展，环境保护部组织制定了《铅蓄电池生产及再生污染防治技术政策》、修订了《废电池污染防治技术政策》。现予公布，供参照执行。以上文件内容可登录环境保护部网站查询。

自本公告发布之日起，《关于发布〈废电池污染防治技术政策〉的通知》（环发〔2003〕163 号）废止。

附件：1. 铅蓄电池生产及再生污染防治技术政策（略）
 2. 废电池污染防治技术政策（略）

环境保护部

2016 年 12 月 26 日

国务院办公厅关于印发生产者责任
延伸制度推行方案的通知

国办发〔2016〕99 号

各省、自治区、直辖市人民政府，国务院各部委、各直属机构：

《生产者责任延伸制度推行方案》已经国务院同意，现印发给你们，请认真贯彻执行。

国务院办公厅

2016 年 12 月 25 日

（此件公开发布）

生产者责任延伸制度推行方案

生产者责任延伸制度是指将生产者对其产品承担的资源环境责任从生产环节延伸到产品设计、流通消费、回收利用、废物处置等全生命周期的制度。实施生产者责任延伸制度，是加快生态文明建设和绿色循环低碳发展的内在要求，对推进供给侧结构性改革和制造业转型升级具有积极意义。近年来，我国在部分电器电子产品领域探索实行生产者责任延伸制度，取得了较好效果，有关经验做法应予复制和推广。为进一步推行生产者责任延伸制度，根据《中共中央 国务院关于印发〈生态文明体制改革总体方案〉的通知》要求，特制定以下方案。

一、总体要求

（一）指导思想。全面贯彻党的十八大和十八届三中、四中、五中、六中全会精神，按照党中央、国务院决策部署，紧紧围绕统筹推进"五位一体"总体布局和协调推进"四个全面"战略布局，牢固树立创新、协调、绿色、开放、共享的发展理念，加快建立生产者责任延伸的制度框架，不断完善配套政策法规体系，逐步形成责任明确、规范有序、监管有力的激励约束机制，通过开展产品生态设计、使用再生原料、保障废弃产品规范回收利用和安全处置、加强信息公开等，推动生产企业切实落实资源环境责任，提高产品的综合竞争力和资源环境效益，提升生态文明建设水平。

（二）基本原则

政府推动，市场主导。充分发挥市场在资源配置中的决定性作用，更好发挥政府规划引导和政策支持作用，形成有利的体制机制和市场环境。

明晰责任，依法推进。强化法治思维，逐步完善生产者责任延伸制度相关法律法规和标准规范，依法依规明确产品全生命周期的资源环境责任。

有效激励，强化管理。创新激励约束机制，调动各方主体履行资源环境责任的积极性，形成可持续商业模式。加强生产者责任延伸制度实施的监督评价，不断提高管理水平。

试点先行，重点突破。合理确定生产者责任延伸制度的实施范围，把握实施的节点和力度。坚持边试点、边总结、边推广，逐步扩大实施范围，稳妥推进相关工作。

（三）工作目标。到2020年，生产者责任延伸制度相关政策体系初步形成，产品生态设计取得重大进展，重点品种的废弃产品规范回收与循环利用率平均达到40%。到2025年，生产者责任延伸制度相关法律法规基本完善，重点领域生产者责任延伸制度运行有序，产品生态设计普遍推行，重点产品的再生原料使用比例达到20%，废弃产品规范回收与循环利用率平均达到50%。

二、责任范围

（一）开展生态设计。生产企业要统筹考虑原辅材料选用、生产、包装、销售、使用、回收、处理等环节的资源环境影响，深入开展产品生态设计。具体包括轻量化、单一化、模块化、无（低）害化、易维护设计，以及延长寿命、绿色包装、节能降耗、循环利用等设计。

（二）使用再生原料。在保障产品质量性能和使用安全的前提下，鼓励生产企业加大再生原料的使用比例，实行绿色供应链管理，加强对上游原料企业的引导，研发推广再生原料检测和利用技术。

（三）规范回收利用。生产企业可通过自主回收、联合回收或委托回收等模式，规范回收废弃产品和包装，直接处置或由专业企业处置利用。产品回收处理责任也可以通过生产企业依法缴纳相关基金、对专业企业补贴的方式实现。

（四）加强信息公开。强化生产企业的信息公开责任，将产品质量、安全、耐用性、能效、有毒有害物质含量等内容作为强制公开信息，面向公众公开；将涉及零部件产品结构、拆解、废弃物回收、原材料组成等内容作为定向公开信息，面向废弃物回收、资源化利用主体公开。

三、重点任务

综合考虑产品市场规模、环境危害和资源化价值等因素，率先确定对电器电子、汽车、铅酸蓄电池和包装物等4类产品实施生产者责任延伸制度。在总结试点经验基础上，适时扩大产品品种和领域。

（一）电器电子产品。制定电器电子产品生产者责任延伸政策指引和评价标准，引导生产企业深入开展生态设计，优先应用再生原料，积极参与废弃电器电子产品回收和资源化利用。

支持生产企业建立废弃电器电子等产品的新型回收体系，通过依托销售网络建立逆向物流回收体系，选择商业街区、交通枢纽开展自主回收试点，运用"互联网+"提升规范回收率，选择居民区、办公区探索加强垃圾清运与再生资源回收体系的衔接，大力促进废弃电器电子产品规范回收、利用和处置，保障数据信息安全。率先在北京市开展废弃电器电子产品新型回收利用体系建设试点，并逐步扩大回收利用废弃物范围。

完善废弃电器电子产品回收处理相关制度，科学设置废弃电器电子产品处理企业准入标准，及时评估废弃电器电子产品处理目录的实施效果并进行动态调整。加强废弃电器电子产品处理基金征收和使用管理，建立"以收定支、自我平衡"的机制。强化法律责任，完善申请条件，加强信息公开，进一步发挥基金对生产者责任延伸的激励约束作用。

（二）汽车产品。制定汽车产品生产者责任延伸政策指引，明确汽车生产企业的责任延伸评价标准，产品设计要考虑可回收性、可拆解性，优先使用再生原料、安全环保材料，将用于维修保养的技术信息、诊断设备向独立维修商（包括再制造企业）开放。鼓励生产企业利用售后服务网络与符合条件的拆解企业、再制造企业合作建立逆向回收利用体系，支持回收报废汽车，推广再制造产品。探索整合汽车生产、交易、维修、保险、报废等环节基础信息，逐步建立全国统一的汽车全生命周期信息管理体系，加强报废汽车产品回收利用管理。

建立电动汽车动力电池回收利用体系。电动汽车及动力电池生产企业应负责建立废旧电池回收网络，利用售后服务网络回收废旧电池，统计并发布回收信息，确保废旧电池规范回收利用和安全处置。动力电池生产企业应实行产品编码，建立全生命周期追溯系统。率先在深圳等城市开展电动汽车动力电池回收利用体系建设，并在全国逐步推广。

（三）铅酸蓄电池、饮料纸基复合包装。对铅酸蓄电池、饮料纸基复合包装等产业集中度较高、循环利用产业链比较完整的特定品种，在国家层面制定、分解落实回收利用目标，并建立完善统计、核查、评价、监督和目标调节等制度。

引导铅酸蓄电池生产企业建立产品全生命周期追溯系统，采取自主回收、联合回收或委托回收模式，通过生产企业自有销售渠道或专业企业在消费末端建立的网络回收铅酸蓄电池，支持采用"以旧换新"等方式提高回收率。备用电源蓄电池、储能用蓄电池报废后交给专业企业处置。探索完善生产企业集中收集和跨区域转运方式。率先在上海市建设铅酸蓄电池回收利用体系，规范处理利用采取"销一收一"模式回收的废铅酸蓄电池。

开展饮料纸基复合包装回收利用联盟试点。支持饮料纸基复合包装生产企业、灌装企业和循环利用企业按照市场化原则组成联盟，通过灌装企业销售渠道、现有再生资源回收体系、循环利用企业自建网络等途径，回收废弃的饮料纸基复合包装。鼓励生产企业根据回收量和利用水平，对回收链条薄弱环节给予技术、资金支持，推动实现回收利用目标。

四、保障措施

（一）加强信用评价。建立电器电子、汽车、铅酸蓄电池和包装物4类产品骨干生产企业落实生产者责任延伸的信用信息采集系统，并与全国信用信息共享平台对接，对严重失信企业实施跨部门联合惩戒。建立4类产品骨干生产企业履行生产者责任延伸情况的报告和公示制度，并率先在部分企业开展试点。建立生产者责任延伸的第三方信用认证评价制度，引入第三方机构对企业履责情况进行评价核证。定期发布生产者责任延伸制度实施情况报告。

（二）完善法规标准。加快修订循环经济促进法、报废汽车回收管理办法、废弃电器电子产品回收处理管理条例，适时制定铅酸蓄电池回收利用管理办法、新能源汽车动力电池回收利用暂行办法、强制回收产品和包装物名录及管理办法、生产者责任延伸评价管理办法。建立完善产品生态设计、回收利用、信息公开等方面标准规范，支持制定生产者责任延伸领域的团体标准。开展生态设计标准化试点。建立统一的绿色产品标准、认证、标识体系，将生态设计产品、再生产品、再制造产品纳入其中。

（三）加大政策支持。研究对开展生产者责任延伸试点的地区和相关企业创新支持方式，加大支持力度。鼓励采用政府和社会资本合作（PPP）模式、第三方服务方式吸引社会资本参与废弃产品回收利用。建立绿色金融体系，落实绿色信贷指引，引导银行业金融机构优先支持落实生产者责任延伸制度的企业，支持符合条件的企业发行绿色债券建设相关项目。通过国家科技计划（专项、基金等）统筹支持生态设计、绿色回收、再生原料检测等方面共性关键技术研发。支持生产企业、资源循环利用企业与科研院所、高等院校组建产学研技术创新联盟。

（四）严格执法监管。开展再生资源集散地专项整治，取缔非法回收站点。加强对报废汽车、废弃电器电子产品拆解企业的资质管理，规范对铅酸蓄电池等特殊品种的管理。严格执行相关法律法规和标准，依法依规处置达不到环境排放标准和安全标准的企业，查处无证经营行为。建立定期巡视和抽查制度，持续打击非法改装、拼装报废车和非法拆解电器电子产品等行为。

（五）积极示范引导。加大再生产品和原料的推广力度，发挥政府等公共机构的带头示范作用，实施绿色采购目标管理，扩大再生产品和原料应用，率先建立规范、通畅、高效的回收体系。遴选一批生产者责任延伸制度实施效果较好的项目进行示范推广。加强生产者责任延伸方面的舆论宣传，普及绿色循环发展理念，引导社会公众自觉规范交投废物，积极开展垃圾分类，提高生态文明意识。

各地区、各部门要高度重视推行生产者责任延伸制度的重要意义，加强组织领导，扎实推进工作。发展循环经济工作部际联席会议要把推行生产者责任延伸制度作为重要工作内容，加强顶层设计，统筹推进各项工作。国家发展改革委要细化实施方案，制定时间表、路线图，加强统筹协调和分类指导，重大情况及时向国务院报告。科技部、工业和信息化部、财政部、环境保护部、住房城乡建设部、商务部、人民银行、工商总局、质检总局、国务院法制办等部门要密切配合、形成合力，按照职责分工抓好落实。各地区要根据本地实际抓好具体实施，有力推进生产者责任延伸工作。

附件：重点任务分工及进度安排表

附件

重点任务分工及进度安排表

序号	重点任务	责任单位	时间进度安排
1	完善废弃电器电子产品回收处理制度	国家发展改革委、环境保护部、财政部在各自职责范围内分别负责	2017年年底前提出方案
2	制定强制回收的产品和包装物名录及管理办法，确定特定品种的国家回收利用目标	国家发展改革委牵头，工业和信息化部、环境保护部、住房城乡建设部、财政部、商务部、质检总局参与	2018年完成
3	率先在北京市开展废弃电器电子产品新型回收利用体系建设试点	北京市组织实施，国务院有关部门加强指导	2017年启动
4	开展饮料纸基复合包装回收利用联盟试点	相关行业联盟组织实施，国务院有关部门加强指导	2017年启动
5	探索铅酸蓄电池生产商集中收集和跨区域转运方式	环境保护部牵头，国家发展改革委、工业和信息化部参与	2017年启动
6	在部分企业开展生态设计试点	工业和信息化部、国家发展改革委	持续推动
7	在部分企业开展电器电子、汽车产品生产者责任延伸试点，率先开展信用评价	工业和信息化部、科技部、财政部、商务部组织试点，国家发展改革委牵头组织信用评价	持续推动
8	率先在上海市建设铅酸蓄电池回收利用体系	上海市组织实施，国务院有关部门加强指导	2017年启动
9	建立电动汽车动力电池产品编码制度和全生命周期追溯系统	工业和信息化部、质检总局负责	2017年完成

序号	重点任务	责任单位	时间进度安排
10	支持建立铅酸蓄电池全生命周期追溯系统，推动实行统一的编码规范	工业和信息化部、质检总局、国家发展改革委负责	持续推进
11	建设生产者责任延伸的信用信息采集系统，制定生产者责任延伸评价管理办法，并制定相应的政策指引	国家发展改革委牵头，工业和信息化部、环境保护部、商务部、人民银行参与	2019年完成
12	修订《报废汽车回收管理办法》，规范报废汽车产品回收利用制度	国务院法制办、商务部牵头，工商总局、国家发展改革委、工业和信息化部等部门参与	2017年完成
13	制定铅酸蓄电池回收利用管理办法	国家发展改革委牵头，工业和信息化部、环境保护部参与	2017年完成
14	健全标准计量体系，建立认证评价制度	质检总局牵头，国务院相关部门参与	持续推进
15	研究对开展生产者责任延伸试点的地区和履行责任的生产企业的支持方式	国家发展改革委、财政部	持续推进
16	加大科技支持力度	科技部牵头，国家发展改革委、工业和信息化部、环境保护部参与	持续推进
17	加快建立再生产品和原料推广使用制度	国家发展改革委、工业和信息化部、财政部、环境保护部、质检总局	2018年完成
18	实施绿色采购目标管理	财政部牵头，国务院相关部门参与	2019年完成
19	加强宣传引导	国家发展改革委牵头，国务院各部门参与	持续推进
20	加强工作统筹规划和分类指导	国家发展改革委牵头，国务院各部门参与	持续推进

工业和信息化部　发展改革委　科技部　财政部
关于印发《促进汽车动力电池产业
发展行动方案》的通知

工信部联装〔2017〕29 号

各省、自治区、直辖市及计划单列市，新疆生产建设兵工业和信息化主管部门、发展改革委、科技厅（委、局）、财政厅（局，财务局）：

为贯彻落实《国务院关于印发节能与新能源汽车产业发展规划（2012—2020 年）的通知》（国发〔2012〕22 号）以及《国务院办公厅关于加快新能源汽车推广应用的指导意见》（国办发〔2014〕35 号），加快提升我国汽车动力电池产业发展能力和水平，推动新能源汽车产业健康可持续发展，制定《促进汽车动力电池产业发展行动方案》。现印发你们，请结合实际，认真贯彻落实，相关进展情况及时报送节能与新能源汽车产业发展部际联席会议办公室。

工业和信息化部

国家发展和改革委员会

科学技术部

财政部

2017 年 2 月 20 日

促进汽车动力电池产业发展行动方案

动力电池是电动汽车的心脏，是新能源汽车产业发展的关键。经过十多年的发展，我国动力电池产业取得长足进步，但是目前动力电池产品性能、质量和成本仍然难以满足新能源汽车推广普及需求，尤其在基础关键材料、系统集成技术、制造装备和工艺等方面与国际先进水平仍有较大差距。为加快提升我国汽车动力电池产业发展能力和水平，推动新能源汽车产业健康可持续发展，制定本行动方案。

一、总体要求

（一）指导思想

深入贯彻落实党的十八大和十八届三中、四中、五中、六中全会精神，牢固树立创新、协调、绿色、开放、共享的发展理念，以推动供给侧结构性改革为主线，加快实施创新驱动发展战略，按照《中国制造2025》总体部署，落实新能源汽车发展战略目标，发挥企业主体作用，加大政策扶持力度，完善协同创新体系，突破关键核心技术，加快形成具有国际竞争力的动力电池产业体系。

（二）基本原则

坚持创新驱动。以市场为导向、企业为主体，强化产学研用协同创新体系建设，加快关键核心技术突破，大幅提升产品安全和质量水平。

坚持产业协同。加强政策措施引导，充分发挥行业组织、产业联盟作用，促进动力电池与材料、零部件、装备、整车等产业紧密联动，推进全产业链协同发展。

坚持绿色发展。倡导全生命周期理念，完善政策法规体系，大力推行生态设计，推动梯级利用和回收再利用体系建设，实现低碳化、循环化、集约化发展。

坚持开放合作。充分利用全球资源和市场，创新思路和模式，不断提升合作的层次和水平，积极参与国际标准和技术法规制定，不断提高国际竞争能力。

二、发展方向和主要目标

（一）发展方向

持续提升现有产品的性能质量和安全性，进一步降低成本，2018年前保障高品质动力电池供应；大力推进新型锂离子动力电池研发和产业化，2020年实现大规模应用；着力加强新体系动力电池基础研究，2025年实现技术变革和开发测试。

（二）主要目标

1. 产品性能大幅提升。到2020年，新型锂离子动力电池单体比能量超过300瓦时/公斤；系统比能量力争达到260瓦时/公斤、成本降至1元/瓦时以下，使用环境达－30℃到55℃，可具备3C充电能力。到2025年，新体系动力电池技术取得突破性进展，单体比能量达500瓦时/公斤。

2. 产品安全性满足大规模使用需求。新型材料得到广泛应用，智能化生产制造和一致性控制水平显著提高，产品设计和系统集成满足功能安全要求，实现全生命周期的安全生产和使用。

3. 产业规模合理有序发展。到2020年，动力电池行业总产能超过1000亿瓦时，形成产销规模在400亿瓦时以上、具有国际竞争力的龙头企业。

4. 关键材料及零部件取得重大突破。到2020年，正负极、隔膜、电解液等关键材料及零部件达到国际一流水平，上游产业链实现均衡协调发展，形成具有核心竞争力的创新型骨干企业。

5. 高端装备支撑产业发展。到2020年，动力电池研发制造、测试验证、回收利用等装备实现自动化、智能化发展，生产效率和质量控制水平显著提高，制造成本大幅降低。

三、重点任务

（一）建设动力电池创新中心

推动大中小企业、高校、科研院所等搭建协同攻关、开放共享的动力电池创新平台，引导支持优势资源组建市场化运作的创新中心。加快建设具有国际先进水平的研发设计、中试开发、测试验证和行业服务能力，开展动力电池关键材料、单体电池、电池系统等重大关键共性技术、基础技术和前瞻技术研究，以及知识产权布局和储备研究，为行业提供技术开发、标准制定、人才培养和国际交流等方面的支撑。（工业和信

息化部）

（二）　实施动力电池提升工程

通过国家科技计划（专项、基金）等统筹支持动力电池研发，实现2020年单体比能量超过300瓦时/公斤，不断提高产品性能，加快实现高水平产品装车应用。鼓励动力电池龙头企业协同上下游优势资源，集中力量突破材料及零部件、电池单体和系统关键技术，大幅度提升动力电池产品性能和安全性，力争实现单体350瓦时/公斤、系统260瓦时/公斤的新型锂离子产品产业化和整车应用。（工业和信息化部、科技部）

（三）　加强新体系动力电池研究

通过国家重点研发计划、国家自然科学基金等，鼓励高等院校、研究机构、重点企业等协同开展新体系动力电池产品的研发创新，积极推动锂硫电池、金属空气电池、固态电池等新体系电池的研究和工程化开发，2020年单体电池比能量达到400瓦时/公斤以上、2025年达到500瓦时/公斤。（科技部、工业和信息化部、自然科学基金会）

（四）　推进全产业链协同发展

依托重大技改升级工程、增强制造业核心竞争力重大工程包，加大对瓶颈制约环节突破、关键核心技术产业化等的支持，加快在正负极、隔膜、电解液、电池管理系统等领域培育若干优势企业，促进动力电池与材料、零部件、装备、整车等产业协同发展，推进自主可控、协调高效、适应发展目标的产业链体系建设。支持高性能超级电容器系统的研发，进一步加大产业化应用。（工业和信息化部、发展改革委、科技部）

（五）　提升产品质量安全水平

结合技术进步、产业发展情况，调整完善动力电池行业规范条件、新能源汽车生产企业及产品准入管理规则等管理措施，加强产品质量和安全性监督检查，促进动力电池生产企业加强技术和管理创新，健全产品生产规范和质量保证体系，确保产品安全生产，提高产品质量在线监测、在线控制和产品全生命周期质量追溯能力，不断提升产品性能和质量安全水平。（工业和信息化部、质检总局）

（六）加快建设完善标准体系

发布实施并不断完善新能源汽车标准化路线图。加强动力电池产品性能、寿命、安全性、可靠性和智能制造、回收利用等标准的制修订工作；制定并实施动力电池规格尺寸、产品编码规则等标准。做好国家标准的贯彻实施工作，鼓励企业建立高于国家标准要求的企业标准体系。支持行业组织和企业积极参与国际标准和技术法规的制定，不断提升在国际标准和技术法规领域的话语权。（工业和信息化部、质检总局）

（七）加强测试分析和评价能力建设

通过中国制造2025专项资金、国家科技计划等，支持动力电池检测和分析能力建设。加强测试技术及评价方法研究，加快制定行业通用的测试评价规程，完善企业自主检测、公共服务检测和国家认证检测相结合的评价体系。鼓励研究机构、检测认证机构以及动力电池、新能源汽车生产企业加强产品测试验证等相关数据积累，为产品开发、标准制修订、产品一致性管控夯实基础。（工业和信息化部、发展改革委、科技部、质检总局）

（八）建立完善安全监管体系

实施动力电池生产、使用、报废等全过程监管，鼓励行业组织、专业机构建立产品信息服务平台。完善新能源汽车安全监管体系建设，新能源汽车生产企业应对所销售的整车及动力电池等关键系统运行和安全状态进行监测和管理，建立产品安全预警制度和安全隐患定期排查机制，加强安全事故防范。（质检总局、工业和信息化部）

（九）加快关键装备研发与产业化

通过重大短板装备升级工程等，推进智能化制造成套装备产业化，鼓励动力电池生产企业与装备生产企业等强强联合，探索构建资本与风险共担的合作模式，加强关键环节制造设备的协同攻关，推进数字化制造成套装备产业化发展，提升装备精度的稳定性和可靠性以及智能化水平，有效满足动力电池生产制造、资源回收利用的需求。（工业和信息化部、发展改革委）

四、保障措施

（一）加大政策支持力度

发挥政府投资对社会资本的引导作用，鼓励利用社会资本设立动力电池产业发展基金，加大对动力电池产业化技术的支持力度。通过国家科技计划（专项、基金）等统筹支持核心技术研发；利用工业转型升级、技术改造、高技术产业发展专项、智能制造专项、先进制造产业投资基金等资金渠道，在前沿基础研究、电池产品和关键零部件、制造装备、回收利用等领域，重点扶持领跑者企业。动力电池产品符合条件的，按规定免征消费税；动力电池企业符合条件的，按规定享受高新技术企业、技术转让、技术开发等税收优惠政策。（工业和信息化部、财政部、税务总局、科技部、发展改革委、商务部）

（二）完善产业发展环境

全面清理整顿不利于全国公平竞争的政策措施。国家统一产品检测标准及规范，地方严格贯彻落实国家标准。加强对第三方检测机构的监督检查，保障检验测试公平公正。落实《电动汽车动力蓄电池回收利用技术政策（2015年版）》；适时发布实施动力电池回收利用管理办法，强化企业在动力电池生产、使用、回收、再利用等环节的主体责任，逐步建立完善动力电池回收利用管理体系。预防和制止垄断行为和不正当竞争行为。加强舆论监督和引导，营造产业发展的良好舆论环境。（工业和信息化部、质检总局、发展改革委、科技部、商务部）

（三）发挥产业联盟作用

在动力电池企业与科研机构、高等学校、上下游产业之间建立有效运行的产学研合作新机制，充分利用现有的基础和条件，建立健全动力电池产业创新联盟，发挥行业协会等组织的作用，围绕共性关键技术开发、知识产权许可和保护、标准研究、政策措施建议等交流协作，加强行业自律管理，促进动力电池及相关产业的协同发展。（工业和信息化部）

（四）加快人才培养和引进

建立多层次的人才培养体系，推进人才培养、引进和引智工作。鼓励企业、科研院所在材料、系统集成等关键核心技术领域，加快培养和聚集一批国际知名领军人才。加强动力电池及系统集成等相关学科建设，鼓励企业、科研院所和高校建立联合培养机制，加强联合培养基地建设，培养相关学科应用型人才。（教育部、人力资源社会保障部、工业和信息化部）

（五）加强国际合作与交流

充分发挥多边或双边合作机制的作用，加强技术标准、政策法规等方面的国际交流与合作，积极参与和推动国际标准和技术法规的制定。鼓励国内企业与国外高水平企业的互利合作，推进动力电池技术和人才交流、项目合作和成果产业化。支持国内动力电池企业技术输出、产品出口以及到国外投资建厂，鼓励有条件的企业在发达国家设立研发机构。（工业和信息化部、质检总局、商务部、科技部）

中华人民共和国国家标准
公告

2017 年第 11 号

关于批准发布《农历的编算和颁行》等 334 项国家标准的公告

　　国家质量监督检验检疫总局、国家标准化管理委员会批准《农历的编算和颁行》等 334 项国家标准，现予以公布（见附件）。

国家质检总局

国家标准委

2017 – 05 – 12

附件（节选）：

164	GB/T 33593—2017	分布式电源并网技术要求		2017-12-01
165	GB/T 33594—2017	电动汽车充电用电缆		2017-12-01
166	GB/T 33595—2017	船船电气装置 船用和海上设施用电力、控制、仪表和通信电缆绝缘和护套材料		2017-12-01
167	GB/T 33597—2017	换位导线		2017-12-01
168	GB/T 33598—2017	车用动力电池回收利用 拆解规范		2017-12-01
169	GB/T 33599—2017	光伏发电站并网运行控制规范		2017-12-01
170	GB/T 33601—2017	电网设备通用模型数据命名规范		2017-09-01
171	GB/T 33602—2017	电力系统通用服务协议		2017-12-01
172	GB/T 33603—2017	电力系统模型数据动态消息编码规范		2017-12-01
173	GB/T 33604—2017	电力系统简单服务接口规范		2017-12-01

中华人民共和国国家标准
公告

2017 年第 18 号

关于批准发布《开槽平端紧定螺钉》等 312 项国家标准的公告

　　国家质量监督检验检疫总局、国家标准化管理委员会批准《开槽平端紧定螺钉》等 312 项国家标准，现予以公布（见附件）。

国家质检总局

国家标准委

2017 – 07 – 12

附件（节选）：

294	GB/T 34011—2017	建筑用绝热制品 外墙外保温系统抗拉脱性能的测定（泡沫块试验）		2018-06-01
295	GB/T 34012—2017	通风系统用空气净化装置		2018-06-01
296	GB/T 34013—2017	电动汽车用动力蓄电池产品规格尺寸		2018-02-01
297	GB/T 34014—2017	汽车动力蓄电池编码规则		2018-02-01
298	GB/T 34015—2017	车用动力电池回收利用余能检测		2018-02-01
299	GB/T 34016—2017	防鼠和防蚁电线电缆通则		2018-02-01
300	GB/T 34017—2017	复合型供暖散热器		2018-06-01
301	GB/T 34018—2017	无损检测 超声显微检测方法		2018-02-01

工业和信息化部 科技部 环境保护部 交通运输部 商务部 质检总局 能源局关于印发《新能源汽车动力蓄电池回收利用管理暂行办法》的通知

工信部联节〔2018〕43 号

各省、自治区、直辖市及计划单列市、新疆生产建设兵团工业和信息化、科技、环保、交通、商务、质检、能源主管部门，各有关单位：

为加强新能源汽车动力蓄电池回收利用管理，规范行业发展，推进资源综合利用，保护环境和人体健康，保障安全，促进新能源汽车行业持续健康发展，工业和信息化部、科技部、环境保护部、交通运输部、商务部、质检总局、能源局联合制定了《新能源汽车动力蓄电池回收利用管理暂行办法》。现印发给你们，请认真贯彻执行。

工业和信息化部

科学技术部

环境保护部

交通运输部

商务部

国家质量监督检验检疫总局

国家能源局

2018 年 1 月 26 日

新能源汽车动力蓄电池回收利用管理暂行办法

一、总则

第一条 为加强新能源汽车动力蓄电池回收利用管理，规范行业发展，推进资源综合利用，保障公民生命财产和公共安全，促进新能源汽车行业持续健康发展，依据《中华人民共和国环境保护法》《中华人民共和国固体废物污染环境防治法》《中华人民共和国清洁生产促进法》《中华人民共和国循环经济促进法》等法律，按照《国务院关于印发节能与新能源汽车产业发展规划（2012—2020年）的通知》及《国务院办公厅关于加快新能源汽车推广应用的指导意见》要求，制定本办法。

第二条　本办法适用于中华人民共和国境内（台湾、香港、澳门地区除外）新能源汽车动力蓄电池（以下简称"动力蓄电池"）回收利用相关管理。

第三条　在生产、使用、利用、贮存及运输过程中产生的废旧动力蓄电池应按照本办法要求回收处理。

第四条　工业和信息化部会同科技部、环境保护部、交通运输部、商务部、质检总局、能源局在各自职责范围内对动力蓄电池回收利用进行管理和监督。

第五条　落实生产者责任延伸制度，汽车生产企业承担动力蓄电池回收的主体责任，相关企业在动力蓄电池回收利用各环节履行相应责任，保障动力蓄电池的有效利用和环保处置。坚持产品全生命周期理念，遵循环境效益、社会效益和经济效益有机统一的原则，充分发挥市场作用。

第六条　国家支持开展动力蓄电池回收利用的科学技术研究，引导产学研协作，鼓励开展梯次利用和再生利用，推动动力蓄电池回收利用模式创新。

二、设计、生产及回收责任

第七条　动力蓄电池生产企业应采用标准化、通用性及易拆解的产品结构设计，协商开放动力蓄电池控制系统接口和通信协议等利于回收利用的相关信息，对动力蓄电池固定部件进行可拆卸、易回收利用设计。材料有害物质应符合国家相关标准要求，尽可能使用再生材料。新能源汽车设计开发应遵循易拆卸原则，以利于动力蓄电池安全、环保拆卸。

第八条　电池生产企业应及时向汽车生产企业等提供动力蓄电池拆

解及贮存技术信息，必要时提供技术培训。汽车生产企业应符合国家新能源汽车生产企业及产品准入管理、强制性产品认证的相关规定，主动公开动力蓄电池拆卸、拆解及贮存技术信息说明以及动力蓄电池的种类、所含有毒有害成分含量、回收措施等信息。

第九条　电池生产企业应与汽车生产企业协同，按照国家标准要求对所生产动力蓄电池进行编码，汽车生产企业应记录新能源汽车及其动力蓄电池编码对应信息。电池生产企业、汽车生产企业应及时通过溯源信息系统上传动力蓄电池编码及新能源汽车相关信息。

电池生产企业及汽车生产企业在生产过程中报废的动力蓄电池应移交至回收服务网点或综合利用企业。

第十条　汽车生产企业应委托新能源汽车销售商等通过溯源信息系统记录新能源汽车及所有人溯源信息，并在汽车用户手册中明确动力蓄电池回收要求与程序等相关信息。

第十一条　汽车生产企业应建立维修服务网络，满足新能源汽车所有人的维修需求，并依法向社会公开动力蓄电池维修、更换等技术信息。新能源汽车售后服务机构、电池租赁等运营企业应在动力蓄电池维修、拆卸和更换时核实新能源汽车所有人信息，按照维修手册及贮存等技术信息要求对动力蓄电池进行维修、拆卸和更换，规范贮存，将废旧动力蓄电池移交至回收服务网点，不得移交其他单位或个人。

新能源汽车售后服务机构、电池租赁等运营企业应在溯源信息系统中建立动力蓄电池编码与新能源汽车的动态联系。

第十二条　汽车生产企业应建立动力蓄电池回收渠道，负责回收新能源汽车使用及报废后产生的废旧动力蓄电池。

（一）汽车生产企业应建立回收服务网点，负责收集废旧动力蓄电池，集中贮存并移交至与其协议合作的相关企业。

回收服务网点应遵循便于移交、收集、贮存、运输的原则，符合当地城市规划及消防、环保、安全部门的有关规定，在营业场所显著位置标注提示性信息。

（二）鼓励汽车生产企业、电池生产企业、报废汽车回收拆解企业与综合利用企业等通过多种形式，合作共建、共用废旧动力蓄电池回收渠道。

（三）鼓励汽车生产企业采取多种方式为新能源汽车所有人提供方便、快捷的回收服务，通过回购、以旧换新、给予补贴等措施，提高其移交废旧动力蓄电池的积极性。

第十三条 汽车生产企业与报废汽车回收拆解企业等合作，共享动力蓄电池拆卸和贮存技术、回收服务网点以及报废新能源汽车回收等信息。回收服务网点应跟踪本区域内新能源汽车报废回收情况，可通过回收或回购等方式收集报废新能源汽车上拆卸下的动力蓄电池。

报废新能源汽车回收拆解，应当符合国家有关报废汽车回收拆解法规、规章和标准的要求。

第十四条 新能源汽车所有人在动力蓄电池需维修更换时，应将新能源汽车送至具备相应能力的售后服务机构进行动力蓄电池维修更换；在新能源汽车达到报废要求时，应将其送至报废汽车回收拆解企业拆卸动力蓄电池。动力蓄电池所有人（电池租赁等运营企业）应将废旧动力蓄电池移交至回收服务网点。废旧动力蓄电池移交给其他单位或个人，私自拆卸、拆解动力蓄电池，由此导致环境污染或安全事故的，应承担相应责任。

第十五条 废旧动力蓄电池的收集可参照《废蓄电池回收管理规范》（WB/T 1061—2016）等国家有关标准要求，按照材料类别和危险程度，对废旧动力蓄电池进行分类收集和标识，应使用安全可靠的器具包装以防有害物质渗漏和扩散。

第十六条 废旧动力蓄电池的贮存可参照《废电池污染防治技术政策》（环境保护部公告 2016 年第 82 号）、《一般工业固体废物贮存、处置场污染控制标准》（GB 18599—2016）等国家相关法规、政策及标准要求。

第十七条 动力蓄电池及废旧动力蓄电池包装运输应尽量保证其结构完整，属于危险货物的，应当遵守国家有关危险货物运输规定进行包装运输，可参照《废电池污染防治技术政策》（环境保护部公告 2016 年第82号）、《废蓄电池回收管理规范》（WB/T 1061—2016）等国家相关法规、政策及标准要求。

三、综合利用

第十八条　鼓励电池生产企业与综合利用企业合作，在保证安全可控前提下，按照先梯次利用后再生利用原则，对废旧动力蓄电池开展多层次、多用途的合理利用，降低综合能耗，提高能源利用效率，提升综合利用水平与经济效益，并保障不可利用残余物的环保处置。

第十九条　综合利用企业应符合《新能源汽车废旧动力蓄电池综合利用行业规范条件》（工业和信息化部公告2016年第6号）的规模、装备和工艺等要求，鼓励采用先进适用的技术工艺及装备，开展梯次利用和再生利用。

第二十条　梯次利用企业应遵循国家有关政策及标准等要求，按照汽车生产企业提供的拆解技术信息，对废旧动力蓄电池进行分类重组利用，并对梯次利用电池产品进行编码。

梯次利用企业应回收梯次利用电池产品生产、检测、使用等过程中产生的废旧动力蓄电池，集中贮存并移交至再生利用企业。

第二十一条　梯次利用电池产品应符合国家有关政策及标准等要求，对不符合该要求的梯次利用电池产品不得生产、销售。

第二十二条　再生利用企业应遵循国家有关政策及标准等要求，按照汽车生产企业提供的拆解技术信息规范拆解，开展再生利用；对废旧动力蓄电池再生利用后的其他不可利用残余物，依据国家环保法规、政策及标准等有关规定进行环保无害化处置。

四、监督管理

第二十三条　工业和信息化部会同国家标准化主管部门研究制定拆卸、包装运输、余能检测、梯次利用、材料回收、安全环保等动力蓄电池回收利用技术标准，建立动力蓄电池回收利用管理标准体系。

第二十四条　建立动力蓄电池回收服务网点上传制度，汽车生产企业应定期通过溯源信息系统上传动力蓄电池回收服务网点等信息，并通过信息平台及时向社会公布有关信息。

第二十五条　工业和信息化部、质检总局负责建立统一的溯源信息系统，会同环境保护部、交通运输部、商务部等有关部门建立信息共享机制，确保动力蓄电池产品来源可查、去向可追、节点可控。

第二十六条　工业和信息化部会同有关部门对梯次利用电池产品实施管理，加强对梯次利用企业的指导，规范梯次利用企业产品，保障产品质量和安全。

第二十七条　鼓励社会资本发起设立产业基金，研究探索动力蓄电池残值交易等市场化模式，促进动力蓄电池回收利用。

第二十八条　工业和信息化部会同质检总局等部门，在各自职责范围内，通过责令企业限期整改、暂停企业强制性认证证书、公开企业履责信息、行业规范条件申报及公告管理等措施，对有关企业落实本办法有关规定实施监督管理。

第二十九条　任何组织和个人有权对违反本办法规定的行为向有关部门投诉、举报。

五、附则

第三十条　本办法由工业和信息化部商科技部、环境保护部、交通运输部、商务部、质检总局、能源局负责解释。

第三十一条　本办法自 2018 年 8 月 1 日施行。

附录　术语和定义

一、动力蓄电池：为新能源汽车动力系统提供能量的蓄电池，由蓄电池包（组）及蓄电池管理系统组成，包括锂离子动力蓄电池、金属氢化物/镍动力蓄电池等，不含铅酸蓄电池。

二、废旧动力蓄电池是指：

（一）经使用后剩余容量或充放电性能无法保障新能源汽车正常行驶，或因其他原因拆卸后不再使用的动力蓄电池；

（二）报废新能源汽车上的动力蓄电池；

（三）经梯次利用后报废的动力蓄电池；

（四）电池生产企业生产过程中报废的动力蓄电池；

（五）其他需回收利用的动力蓄电池。

以上废旧动力蓄电池包括废旧的蓄电池包、蓄电池模块和单体蓄电池。

三、回收：废旧动力蓄电池收集、分类、贮存和运输的过程总称。

四、拆卸：将动力蓄电池从新能源汽车上拆下的过程。

五、拆解：对废旧动力蓄电池进行逐级拆分，直至拆出单体蓄电池的过程。

六、贮存：废旧动力蓄电池收集、运输、梯次利用、再生利用过程中的存放行为，包括暂时贮存和区域集中贮存。

七、利用：废旧动力蓄电池回收后的再利用，包括梯次利用和再生利用。

八、梯次利用：将废旧动力蓄电池（或其中的蓄电池包/蓄电池模块/单体蓄电池）应用到其他领域的过程，可以一级利用也可以多级利用。

九、再生利用：对废旧动力蓄电池进行拆解、破碎、分离、提纯、冶炼等处理，进行资源化利用的过程。

十、汽车生产企业：获得《道路机动车辆生产企业及产品公告》的国内新能源汽车生产企业和新能源汽车进口商。

十一、电池生产企业：国内动力蓄电池生产企业和动力蓄电池进口商。

十二、回收服务网点：汽车生产企业在本企业新能源汽车销售的行政区域（至少地级）内，通过自建、共建、授权等方式建立的废旧动力蓄电池回收服务机构。

十三、报废汽车回收拆解企业：取得资质认定，从事报废汽车回收拆解经营业务的企业。

十四、综合利用企业：是指符合《新能源汽车废旧动力蓄电池综合利用行业规范条件》要求的废旧动力蓄电池梯次利用企业或再生利用企业。

十五、梯次利用企业：即梯次利用电池产品生产企业，是指对废旧动力蓄电池（或其中的蓄电池包/蓄电池模块/单体蓄电池）进行必要的检测、分类、拆解和重组，使其可应用至其他领域的企业。

十六、再生利用企业：是指对废旧动力蓄电池进行拆解、破碎、分离、提纯、冶炼等处理，实现资源再生利用、原材料回收利用等的企业。

工业和信息化部　科技部　环境保护部　交通运输部商务部　质检总局　能源局关于组织开展新能源汽车动力蓄电池回收利用试点工作的通知

工信部联节函〔2018〕68号

各省、自治区、直辖市及计划单列市、新疆生产建设兵团工业和信息化、科技、环保、交通、商务、质检、能源主管部门，有关中央企业：

为贯彻落实《新能源汽车动力蓄电池回收利用管理暂行办法》，探索技术经济性强、资源环境友好的多元化废旧动力蓄电池回收利用模式，推动回收利用体系建设，工业和信息化部、科技部、环境保护部、交通运输部、商务部、质检总局、能源局将组织开展新能源汽车动力蓄电池回收利用试点工作。

现将《新能源汽车动力蓄电池回收利用试点实施方案》予以印发。请各省、自治区、直辖市及计划单列市、新疆生产建设兵团工业和信息化主管部门商同级科技、环保、交通、商务、质检、能源主管部门，按照实施方案要求，组织编制本地区试点实施方案，并于2018年3月30日前将申报材料报工业和信息化部（节能与综合利用司）。请有关中央企业结合本企业特点和目标，商相关地方政府有关部门编制示范工程实施方案，报工业和信息化部（节能与综合利用司）。

附件：新能源汽车动力蓄电池回收利用试点实施方案

工业和信息化部　科学技术部

环境保护部　交通运输部　商务部

国家质量监督检验检疫总局　国家能源局

2018年2月22日

（联系电话：010－68205365）

新能源汽车动力蓄电池回收利用试点实施方案

为贯彻落实《新能源汽车动力蓄电池回收利用管理暂行办法》，探索技术经济性强、资源环境友好的多元化废旧动力蓄电池回收利用模式，推动回收利用体系建设，制定本方案。

一、总体要求

以党的十九大精神为指导，全面贯彻落实生态文明建设要求，践行新发展理念，选择新能源汽车保有量大、动力蓄电池回收利用基础好、区域带动性强、有积极性的地区开展动力蓄电池回收利用试点。以市场为主导，充分发挥汽车生产、电池生产和综合利用企业主体作用，探索动力蓄电池回收利用市场化商业运作模式，完善相关标准，突破动力蓄电池梯次利用、高效再生利用产业发展瓶颈，建设示范工程，为建立科学完善的动力蓄电池回收利用制度提供实践支撑。

到2020年，建立完善动力蓄电池回收利用体系，探索形成动力蓄电池回收利用创新商业合作模式。建设若干再生利用示范生产线，建设一批退役动力蓄电池高效回收、高值利用的先进示范项目，培育一批动力蓄电池回收利用标杆企业，研发推广一批动力蓄电池回收利用关键技术，发布一批动力蓄电池回收利用相关技术标准，研究提出促进动力蓄电池回收利用的政策措施。

二、试点内容

（一）构建回收利用体系

充分落实生产者责任延伸制度，由汽车生产企业、电池生产企业、报废汽车回收拆解企业与综合利用企业等通过多种形式，合作共建、共用废旧动力蓄电池回收渠道。鼓励试点地区与周边区域合作开展废旧动力蓄电池的集中回收和规范化综合利用，提高回收利用效率。坚持产品全生命周期理念，建立动力蓄电池产品来源可查、去向可追、节点可控的溯源机制，对动力蓄电池实施全过程信息管理，实现动力蓄电池安全妥善回收、贮存、移交和处置。

（二）探索多样化商业模式

充分发挥市场化机制作用，鼓励产业链上下游企业进行有效的信息沟通和密切合作，以满足市场需求和资源利用价值最大化为目标，建立稳定的商业运营模式，推动形成动力蓄电池梯次利用规模化市场。加强大数据、物联网等信息化技术在动力蓄电池回收利用中的应用，建设商业化服务平台，构建第三方评估体系，探索线上线下动力蓄电池残值交易等新型商业模式。

（三）推动先进技术创新与应用

鼓励新能源汽车、动力蓄电池生产企业在产品开发阶段优化产品回收和资源化利用的设计；开展废旧动力蓄电池余能检测、残值评估、快速分选和重组利用、安全管理等梯次利用关键共性技术研究，鼓励在余能检测、残值评估等阶段适当引入第三方评价机制；开展废旧动力蓄电池有价元素高效提取、材料性能修复、残余物质无害化处置等再生利用先进技术的研发攻关。同时，形成一系列动力蓄电池回收利用相关标准和技术规范，推动废旧动力蓄电池无害化、规范化、高值化利用。

（四）建立完善政策激励机制

鼓励试点地区将动力蓄电池回收利用工作作为落实生态文明建设要求、推动绿色制造产业发展的重要内容及举措，研究支持新能源汽车动力蓄电池回收利用的政策措施，探索促进动力蓄电池回收利用的相关政策激励机制，充分调动各方积极性，促进动力蓄电池回收利用。

三、组织实施与管理

（一）试点范围

在京津冀、长三角、珠三角、中部区域等选择部分地区，开展新能源汽车动力蓄电池回收利用试点工作，以试点地区为中心，向周边区域辐射。支持中国铁塔公司等企业结合各地区试点工作，充分发挥企业自身优势，开展动力蓄电池梯次利用示范工程建设。

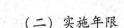

（二）实施年限

试点工作实施年限原则上不超过 2 年。

（三）方案编制与申报

各省、自治区、直辖市及计划单列市、新疆生产建设兵团工业和信息化主管部门可自愿申报，会同相关部门按照《新能源汽车动力蓄电池回收利用试点实施方案编制指南》（见附件）组织编制本地区试点实施方案，并报工业和信息化部。中国铁塔公司等结合本企业特点和目标，自行编制示范工程实施方案，报工业和信息化部。

（四）审核确定

工业和信息化部、科技部、环境保护部、交通运输部、商务部、质检总局、能源局组织专家对申报的实施方案进行论证，确定试点地区，并对实施方案进行备案。

（五）实施管理

试点地区按照试点工作总体要求，积极指导和督促相关企业开展试点工作，进行阶段性评估、经验总结，加强试点工作的过程管理和优化调整。

（六）总结评估

试点工作结束后，试点地区对试点完成情况进行总结，中国铁塔公司等企业对示范工程实施情况进行总结，并报工业和信息化部。工业和信息化部、科技部、环境保护部、交通运输部、商务部、质检总局、能源局组织试点验收和示范工程评估，总结试点示范经验，在全国范围内推广。

四、保障措施

（一）加强组织领导

试点地区应高度重视试点工作，加强对试点工作的组织领导，成立试点工作领导小组，按照试点方案目标、重点任务和具体计划，确定各项任务分工，落实责任，确保试点目标任务按期完成。

（二）加大政策扶持

试点地区应加强资源整合，积极协调利用现有政策措施和资金渠道，加大对试点工作的支持力度。支持中国铁塔公司等优势企业联合设立产业基金，加强政府、企业和金融机构的对接，引导金融机构创新产品和服务。

（三）强化能力建设

国家建立统一的溯源管理平台，对试点地区动力蓄电池全生命周期实现信息溯源管理，支撑试点工作科学开展和阶段性评估。发挥行业协会、骨干企业和科研机构等各方面优势，搭建动力蓄电池回收利用交流平台，促进试点地区产学研用合作，建立动力蓄电池回收利用技术联合攻关和推广应用机制。

（四）加强宣传推广

充分发挥电视、广播、报纸、互联网等新闻媒体作用，加强对社会公众的宣传，增强公众资源节约与环境保护意识。试点地区应在网站上公布本地区试点企业名单和相关信息，积极引导公众参与新能源汽车动力蓄电池回收利用。

附件：新能源汽车动力蓄电池回收利用试点实施方案编制指南（略）

附录 B 动力电池行业团体标准（现行）

ICS 13.030.50

Z 70

北京资源强制回收环保产业技术创新战略联盟
团体标准

T/ATCRR 01—2018

废旧动力蓄电池综合利用企业生产通用要求
**Production general requirements for comprehensive
utilization of used tractionbatteries enterprises**

（正式发布稿）

2018-05-10 发布　　　　　　　　　　　　　2018-05-20 实施

北京资源强制回收环保产业技术创新战略联盟　发布

前　言

本标准按照 GB/T 1.1—2009 给出的规则起草。

本标准由北京资源强制回收环保产业技术创新战略联盟（ATCRR）归口。

本标准起草单位：广东邦普循环科技有限公司、湖南邦普循环科技有限公司、湖南邦普汽车循环有限公司、赣州市豪鹏科技有限公司、上海市中新新能源汽车动力电池循环利用促进中心、广东佳纳能源科技有限公司、浙江天能电源材料有限公司、骆驼集团武汉光谷研发中心有限公司、池州西恩新材料科技有限公司、厦门钨业股份有限公司、江西赣锋循环科技有限公司、荆门市格林美新材料有限公司、天齐锂业资源循环技术研发（江苏）有限公司、深圳市泰力废旧电池回收技术有限公司。

本标准主要起草人：余海军、谢英豪、欧彦楠、王保森、区汉成、李瑾、吴理觉、甄爱钢、夏诗忠、赵志安、刘华旭、谢绍忠、张宇平、高洁、张永祥、曹雄、唐红辉、易无双。

本标准为首次发布。

废旧动力蓄电池综合利用企业生产通用要求

1　范围

本标准规定了废旧动力蓄电池综合利用企业的基本要求、管理要求和安全环保要求。

本标准适用于废旧锂离子动力蓄电池和金属氢化物镍动力蓄电池的综合利用企业。

2　规范性引用文件

下列文件对本文件的应用是必不可少的。凡是注日期的引用文件，仅注日期的版本适用于本文件。凡是不注日期的引用文件，其最新版本（包括所有的修改单）适用于本文件。

GBZ 1　工业企业设计卫生标准

GBZ 2　工作场所有害因素职业接触限值

GB 12348　工业企业厂界环境噪声排放标准

GB 13271　锅炉大气污染物排放标准

GB 15562.2　环境保护图形标志

GB16297　大气污染物综合排放标准

GB 18597　危险废物贮存污染控制标准

GB 18599　一般工业固体废物贮存、处置场污染控制标准

GB 18918　污水综合排放标准

GB/T 19596　电动汽车术语

GB/T 33598　车用动力电池回收利用　拆解规范

YS/T 1174　废旧电池破碎分选回收技术规范

3　术语和定义

GB/T 19596 界定的以及下列术语和定义适用于本文件。

3.1 废旧动力蓄电池 (used traction batteries)

不能满足使用要求的动力蓄电池,包括:经使用后剩余容量及充放电性能无法保障新能源汽车正常行驶或因其他原因拆卸后不再使用的动力蓄电池,报废新能源汽车上的动力蓄电池,动力蓄电池生产企业生产过程中报废的动力蓄电池,其他需回收利用的动力蓄电池。以上废旧动力蓄电池包括废旧的蓄电池包、蓄电池模块和单体蓄电池。

3.2 综合利用 (comprehensive utilization)

对新能源汽车废旧动力蓄电池进行多层次、多用途的合理利用过程,包括梯次利用和资源再生利用。

3.3 综合利用企业 (comprehensive utilization company)

对废旧动力蓄电池进行综合利用的企业,包括梯次利用企业和再生利用企业。

3.4 梯次利用 (echelon use)

动力蓄电池从电动车上退役后,再次应用到其他目标领域,其功能全部或部分继续使用过程。

3.5 再回收 (secondary recovery)

报废梯次利用电池产品的回收,即梯次利用电池产品中包含的废旧动力蓄电池的再次回收。

3.6 累计再回收率 (cumulative recovery)

在质保期限到期后指定时间点,累计回收生产年份和质保期相同的废旧梯次利用电池产品质量除以该年份生产的该质保期梯次利用电池产品总质量得到的百分数。

3.7 再生利用 (recycling)

对废旧动力蓄电池进行拆解、破碎、冶炼等处理,以回收其中有价元素为目的的资源化利用过程。

3.8 综合回收率 (composite recovery)

对废旧动力蓄电池按一定生产程序回收的元素质量除以原动力蓄电池中对应元素质量得到的百分数。

4　综合利用企业

4.1　总则

4.1.1　自建或联合其他企业合作共建、共用动力蓄电池回收服务网点，鼓励发展专业的动力蓄电池回收移动服务站，用于收集动力蓄电池和提供公共服务。

4.1.2　应符合国家相关法规、政策和标准的要求，如拆解条件应符合 GB/T 33598 要求、破碎分选条件应符合 YS/T 1174 要求；并具备动力蓄电池回收利用和处理处置的环境影响评价审批文件。

4.1.3　应具有与其规模相匹配的废旧动力蓄电池收集能力。

4.1.4　鼓励发展梯次利用与再生利用一体化的综合利用企业，保证废旧动力蓄电池得到规范处理。

4.1.5　按要求对动力蓄电池的编码信息进行追溯。

4.2　场地要求

4.2.1　应符合国家产业政策和所在地区的规划要求，施工建设应符合规范化设计要求。

4.2.2　建设区域应符合政策法规规定，已投产运营、但不符合要求的，应通过依法搬迁、转产等方式逐步退出。

4.2.3　土地使用手续合法，厂区面积、作业场地面积应与企业综合利用规模相适应。

4.2.4　场地应建有围墙并按处理工艺划分功能区域，宜划分为贮存区、处理区、分析检测区、管理区等，各功能区域应有明显的界线和标志。

4.2.5　废物贮存场地应分为一般工业固体废物贮存场地和危险废物贮存场地，并按 GB 15562.2 的要求设置一般固体废物、危险废弃物警示标志。一般工业固体废物贮存场地的设计，应符合 GB 18599 的有关规定；危险废物贮存场地设计，应符合 GB 18597 的有关规定。

4.2.6　分析检测区域应具有适当的面积，结构和场所能满足分析检测需求；具有必要的设备存储区域，确保每项分析检测能正确执行。

4.3　设施设备要求

4.3.1　应选择自动化生产效率高、能耗指标先进、环保达标、资源综合利用率高、具备多流程联合的一体化成套的先进生产设备设施,且设施设备应符合国家鼓励发展的重大环保装备技术目录中装备技术的要求。

4.3.2 应具有放电装置、自动化拆解装备和资源循环利用装备等,应采用国家鼓励发展的重大环保装备技术目录中推荐的技术和装备。

4.3.3 应具备满足耐腐蚀、坚固、防火、绝缘特性要求的专用分类收集储存设施。

4.3.4 应具有高压绝缘手套、防高压电弧面罩、绝缘电弧防护服等安全防护工具,绝缘救援钩、自动体外除颤器、医用急救箱等救援医护设备。

4.3.5 应具备有毒有害气体、废水废渣处理等环境保护设施和应对相应火灾危险性类别的安全消防设备等。

4.3.6 场地地面应进行防腐、防渗处理,并建有防腐、防渗的紧急收集池,用以收集破损时泄漏出来的冷却液、电解液等有毒有害液体和含重金属的电池材料;应具备危险废物临时贮存仓库。

4.3.7 应安装重金属污水等排放在线监测装置。

4.3.8 应采用先进、适用的节能技术工艺及装备,并与具备环保技术装备开发技术的企业合作,具有改进、优化、提升环保处理装备的能力。

4.3.9 应具备动力蓄电池编码信息追溯和管理设备。

4.4 技术要求

4.4.1 应采用节能、环保、清洁、高效的新技术、新工艺,不得采用已淘汰、能耗高、污染重的技术及工艺。

4.4.2 应依据新能源汽车和动力蓄电池生产企业提供的拆卸、拆解技术信息制定作业指导书,并根据作业指导书要求进行拆卸和拆解。

4.4.3 废旧动力蓄电池拆卸、储存、拆解、检测等应严格按照相关国家、行业标准进行,如废旧动力蓄电池拆解过程应符合 GB/T 33598 的要求。

4.4.4 应加强对运输、拆卸、储存、拆解、检测、利用等各环节的能耗管控。

5 梯次利用企业

本章不适用于再生利用企业。

5.1 总则

5.1.1 应具备经检定合格、符合使用期限的废旧动力蓄电池称重、充放电检测、余能评估等检验、检测设备。

5.1.2 经营场地大小应与其动力蓄电池梯次利用处理规模相适应，其中应规划有专门用于分析和检测的场地。

5.1.3 从事拆卸、拆解作业的人员应参加职业技能培训，持电工证及相应专业技能资格证上岗。

5.1.4 配备的专业技术人员，其专业技能应能满足废旧动力蓄电池性能检测、环保作业、安全操作等相应要求。

5.1.5 全部为新品电池组成的电池产品不得以梯次利用电池产品的名义进行销售、利用。

5.1.6 梯次利用电池产品安全性能应满足梯次利用电池产品所处行业的相关标准要求，并按法律要求具有质量检验合格证明和明确的质保期限。

5.1.7 梯次利用电池产品应注明梯次利用企业、生产日期、回收网点的地址及联系方式等信息，并标记"废旧动力蓄电池梯次利用电池"字样和相关政策标准规定的标志。

5.1.8 应具备完善的售后服务网络，并具有履行约定的售后服务能力。

5.1.9 应承担其生产的梯次利用电池产品回收利用的主体责任，具有与生产规模相匹配的再回收能力；梯次利用电池产品仅限于以租代售形式，并应建立信息化技术电池收集体系，促进再回收，同时应与再生利用企业签订处理处置协议。

5.1.10 未经电池生产企业或整车企业的技术授权或商务许可，不得对相应厂家或车型的废旧动力蓄电池进行梯次利用。

5.1.11 应确保质保期内报废的梯次利用电池产品全部回收。生产年份相同、质保期相同的梯次利用电池产品，质保期满一年的累计再回收率 $R_{k,p,1}$ 不应低于30%，两年累计再回收率 $R_{k,p,2}$ 不应低于70%，三年累计再回收率 $R_{k,p,3}$ 不应低于99%，累计再回收率的计算方法见附录A的 A.1。

5.2 技术条件

5.2.1 设计产品时应优先考虑有利于动力蓄电池拆卸和拆解的方案。

5.2.2　废旧动力蓄电池的梯次利用应符合梯次利用相关标准的要求。

5.2.3　应根据废旧动力蓄电池的维护、维修、使用等全生命周期数据和剩余容量、内阻、充放电特性等实际情况综合判断是否满足梯次利用相关要求，对符合要求的废旧动力蓄电池进行分类重组利用。

5.2.4　对应车辆信息、汽车生产企业信息、回收网点信息等原始数据缺失，编码、铭牌、标签、标志等载体信息不全或遭到损毁，经检测不符合梯次利用要求的废旧动力蓄电池，不得进行梯次利用，应交给再生利用企业。

5.2.5　梯次利用电池产品可用于便于再回收的领域，不得用于分散、不易再回收的领域。

5.3　信息管理要求

5.3.1　废旧动力蓄电池利用前，应确保其在追溯系统中信息可查。

5.3.2　经检测，不能梯次利用的废旧动力蓄电池应转移至再生利用企业，并按信息追溯平台要求录入追溯系统。

5.3.3　梯次利用电池产品应标明其含有的新品电池，并将替换的新品电池的种类、数量和编码等相关信息录入信息追溯系统，质量不合格的新品电池不得应用于梯次利用电池产品。

5.3.4　应与再生利用企业合作，接受再生利用企业关于废旧动力蓄电池分类、包装、应急处理等方面的培训和指导；销售梯次利用电池产品时，应与消费者签订再回收协议，明确再回收方式，保障再回收的安全性和追溯的可靠性。

6　再生利用企业

本章不适用于梯次利用企业。

6.1　总则

6.1.1　应积极开展针对正负极材料、隔膜、电解液等的资源再生利用技术、设备、工艺的研发和应用，提高废旧动力蓄电池中相关元素再生利用水平。

6.1.2　应采取措施确保废旧动力蓄电池再生利用过程中产生的废物得到

合理回收和处理，不得将其擅自丢弃、倾倒、焚烧与填埋。

6.2 资质条件

6.2.1 应具备危险废物经营许可证等国家相关法规、政策和标准要求的资质。

6.2.2 年回收处理动力蓄电池能力应不低于 10 000 t。

6.3 技术条件

6.3.1 再生利用的物理分离过程，应优先采用先进技术装备对电池基础材料进行提纯。

6.3.2 湿法冶炼条件下的再生利用，镍、钴、锰的综合回收率应不低于98%；火法冶炼条件下的再生利用，镍、稀土的综合回收率应不低于97%，综合回收率计算方法见附录 A 的 A.2。

6.3.3 再生利用的铜、铝、铁的回收率应不低于99%，锂元素的回收率应不低于70%。回收率计算方法见附录 A 的 A.3。

6.3.4 应具有符合国家标准要求并能保证正常使用的废水、废气、工业固废环保收集处理设施设备，再生利用过程应符合相关材料回收要求标准的要求。

6.3.5 资源再生技术应采用环保部颁布的国家先进污染防治示范技术名录和国家重点环境保护实用技术及示范工程名录中的相关技术，鼓励采用先进的物理技术和装备对废旧动力蓄电池进行放电、拆解、破碎、分选，提高综合利用过程的安全环保水平。

7 管理要求

7.1 人员管理

7.1.1 企业配置的专职环保管理人员应熟悉危险废物经营许可证管理、危险废物转移联单管理、危险废物包装和标识、危险废物运输要求、危险废物事故应急方法等，并持有相应的资格证书。

7.1.2 应当设立专门的质量管理部门和专职质量管理人员。

7.1.3 应配备相应的安全防护设施、消防设备和安全管理人员，相关人员的专业技能应能满足废旧动力蓄电池回收处置、环保作业、安全操作

（含危险物质收集贮存、运输）等相应要求，并持有相应的资格证书。

7.1.4 贮存场地的管理人员须具备废旧动力蓄电池以及相关安全、环保方面的专业知识。

7.1.5 工程技术人员、生产工人应定期接受培训，持证上岗。

7.1.6 废旧动力蓄电池运输人员须具有危险品运输从业资格证。

7.2 管理体系建设

7.2.1 应构建完善的质量管理制度，编制岗位操作守则和工作流程，明确人员岗位职责和工作权限。

7.2.2 应按照环境保护主管部门和相关制度规定依法履行环境保护义务，通过 ISO 14001 环境管理体系认证，具备完善的环境管理保障体系。

7.2.3 应在产品质量方面制订实施不低于国家或行业标准的企业标准，并通过 ISO 9001 质量管理体系认证。

7.2.4 应建立职业教育培训管理制度及职工教育档案。

7.2.5 应具有健全的安全生产、职业卫生管理体系，建立职工安全生产、职业卫生培训制度和安全生产、职业卫生检查制度，通过 ISO 18000 职业健康安全管理体系认证。

7.2.6 应按照国家有关要求，构建隐患排查治理体系。

7.2.7 建立废旧动力蓄电池综合利用数据库，确保检验数据的完整，提高企业信息化管理和技术水平。

8 安全环保要求

8.1 一般要求

8.1.1 安全设施和职业危害防治设施必须与主体工程同时设计、同时施工、同时投入生产和使用。

8.1.2 应按照《清洁生产促进法》定期开展清洁生产审核，并通过评估验收。

8.1.3 运输过程应符合国家相关法律法规标准要求，尽量保证蓄电池结构完整，采取防火、防水、防爆、绝缘、隔热等安全保障措施，并制定应急预案。

8.1.4　应对综合利用过程中产生的有毒有害、易燃易爆等残余物（包括废料、废气、废水、废渣等）进行妥善管理和无害化处理，无相应处置能力的，应按相关要求交由具备相关资质的企业进行集中处理。

8.1.5　噪声排放应符合 GB 12348 要求，具体标准应根据当地人民政府划定的区域类别执行。

8.1.6　作业环境应符合 GB Z1、GB Z2 要求。

8.2　安全生产

8.2.1　安全设施设计、投入生产和使用前，应依法经过安全生产监督管理部门审查、验收。

8.2.2　应设有完善的安全环保制度，建立环境保护监测制度，具有突发环境事件或污染事件应急设施和处理预案。

8.2.3　应建立健全的安全生产责任制。

8.3　排放要求

8.3.1　贮存设施应根据废物的危险性进行建设、管理，并满足 GB 18599 和 GB 18596 要求。

8.3.2　污染物排放应符合 GB 13271、GB 16297、GB 18918 要求。

8.3.3　在综合利用过程中产生的废物应按一般工业固体废物进行管理，属于危险废物的按照危险废物进行管理。

附录 A
（资料性附录）
计算方法

A.1 累计再回收率计算方法

生产年份相同、质保期相同的废旧梯次利用电池产品累计回收率分别以 $R_{k,p,n}$ 计，按公式（A-1）计算：

$$R_{k,p,n} = \frac{m_{k,p,n}}{M_{k,p}} \qquad (A-1)$$

式中，$m_{k,p,n}$——截至质保期限后 n 年 12 月 31 日，累计回收废旧梯次利用电池产品（k 年份生产，质保期限编号为 p）的量，单位为千克（kg）；$M_{k,p}$——k 年份全年生产梯次利用电池产品（质保期限编号为 p）的量，单位为千克（kg）；k 表示梯次利用电池产品生产年份；p 为 k 年份生产质保期限相同的梯次利用电池产品的统一编号；n 为质保期期限满的年数，按进一法计，取值为 1、2、3。

A.2 综合回收率计算方法

镍、钴、锰元素综合回收率和镍、稀土元素综合回收率分别以 R_a 和 R_b 计，按公式（A-2）计算：

$$R_j = \frac{\sum m_{jt}}{\sum M_{jt}} \times 100\% \qquad (A-2)$$

式中，m_{jt}——1t 动力蓄电池经回收产品中 jt 元素的质量，单位为克（g）；M_{jt}——对应 m_{jt} 中 1t 动力蓄电池中 jt 元素的质量，单位为克（g）。j 为 a 时，at 分别为镍、钴、锰元素；j 为 b 时，bt 分别为镍、稀土元素。

A.3 回收率计算方法

元素回收率以 R_i 计，按公式（A-3）计算：

$$R_i = \frac{m_i}{M_i} \times 100\% \qquad\qquad （A-3）$$

式中：

m_i——1t 动力蓄电池回收 i 元素的质量的数值，单位为克（g）；

M_i——1t 动力蓄电池中 i 元素的质量的数值，单位为克（g）。

参 考 文 献

［1］《新能源汽车动力蓄电池回收利用管理暂行办法》（工信部联节〔2018〕43 号）

［2］《新能源汽车废旧动力蓄电池综合利用行业规范条件》（中华人民共和国工业和信息化部公告公告〔2016〕6 号）

ICS 13. 030. 50

H 10

北京资源强制回收环保产业技术创新战略联盟
团体标准

T/ATCRR 02—2018

废旧锂离子电池中锂的湿法回收技术规范
Guideline for lithium recovery from used lithium
ion batteries using hydrometallurgical method

（正式发布稿）

2018-05-10 发布   2018-05-20 实施

北京资源强制回收环保产业技术创新战略联盟　发布

前　言

本标准按照 GB/T 1.1—2009 给出的规则起草。

本标准由北京资源强制回收环保产业技术创新战略联盟（ATCRR）归口。

本标准起草单位：天齐锂业资源循环技术研发（江苏）有限公司、江西赣锋循环科技有限公司、广东佳纳能源科技有限公司、骆驼集团武汉光谷研发中心有限公司、浙江天能电源材料有限公司、池州西恩新材料科技有限公司、荆门市格林美新材料有限公司、北京理工大学、天齐锂业股份有限公司。

本标准主要起草人：高洁、肇巍、谢绍忠、王超强、汤依伟、夏诗忠、李靖、赵志安、张云河、李丽、周梅。

本标准为首次发布。

废旧锂离子电池中锂的湿法回收技术规范

1 范围

本标准规定了废旧锂离子电池中锂的湿法回收技术规范的术语和定义、总体要求、鉴别分类、放电、破碎分选、碱液洗涤、含锂溶液制备、杂质离子去除。

本标准适用于废旧锂离子电池中锂的湿法回收工艺。在电池生产过程中产生的不合格电芯、报废电芯、报废含锂粉料、边角料等中的锂的湿法回收工艺也可参考本标准执行。

2 规范性引用文件

下列文件对于本文件的应用是必不可少的。凡是注日期的引用文件，仅所注日期的版本适用于本文件。凡是不注日期的引用文件，其最新版本（包括所有的修改单）适用于本文件。

GB/T 2900.41 电工术语 原电池和蓄电池

GB 5085.7 危险废物鉴别标准 通则

GB 8978 污水综合排放标准

GB 9078 工业炉窑大气污染物排放标准

GB 12348 工业企业厂界环境噪声排放标准

GB 13271 锅炉大气污染物排放标准

GB 16297 大气污染物综合排放标准

GB 18597 危险废物贮存污染控制标准

GB 18599 一般工业固体废物贮存、处置污染控制标准

GB 25467 铜、镍、钴工业污染物排放标准

HJ 2025 危险废物收集、贮存、运输技术规范

YS/T 1174 废旧电池破碎分选回收技术规范

3　术语和定义

GB/T 2900.41 界定的以及下列术语和定义适用于本文件。

3.1　废旧锂离子电池（used lithium ion batteries）

不存在使用价值而被废弃的电池成品和半成品。在此主要指提供能量的锂离子蓄电池，包括在电池生产、运输、贮存、使用过程中产生的不合格产品、报废产品、过期产品。

3.2　湿法回收（hydrometallurgy recovery）

以再生利用为目的，以各种酸性溶液为转移媒介，将金属离子转化为易溶于水的离子形态，再通过沉淀等手段，将目标元素以外的金属离子以沉淀的形式从溶液中分离，回收目标元素的过程。

4　总体要求

4.1　基本准则

4.1.1　废旧锂离子电池中锂的湿法回收应严格遵循安全、环保和资源循环利用三原则。

4.1.2　废旧锂离子电池中的金属铜、铝、隔膜等利用物理法进行分离回收，其他金属及其化合物溶于酸、转化为易溶于水的离子形态，再通过杂质离子去除得到含锂纯化液，以实现锂的回收。

4.1.3　废旧锂离子电池中锂的湿法回收宜按附录C进行。

4.2　一般要求

4.2.1　回收企业宜采用自动化破碎、分选方式提高效率及安全性。

4.2.2　锂的总回收率大于80%。

4.2.3　湿法工艺阶段，锂的回收率大于95%。

4.3　装备要求

4.3.1　应配备专业的防护罩、专用抽排系统、废气处理装置、废水处理装置、废渣收集装置等。

4.3.2　应具备绝缘手套、防机械伤害手套、安全帽、绝缘靴（鞋）、防护面罩等安全防护设备。

4.4 场地要求

4.4.1 场地应具备安全防范设施，如消防设施、报警设施、应急设施等。

4.4.2 场地的地面应防渗漏，具有环保防范设施，如废水、废气处理系统。

4.4.3 场地内应保持通风干燥、光线良好。

4.5 人员要求

4.5.1 人员应具备相应的专业知识，并经过内部专业培训考核。

4.5.2 作业前，人员应穿戴安全防护装备。

4.6 环境保护和安全要求

4.6.1 回收处理过程中产生的废水经处理后，钴离子的排放浓度应符合 GB 25467 的要求，其他离子排放浓度应符合 GB 8978 的要求。

4.6.2 回收处理过程中产生的固体废物应按 GB 5085.7 的要求进行鉴别，并符合下列规定：

　　a）经鉴别属于危险废物，应按 GB 18597 和 HJ 2025 的要求进行收集、贮存、运输、并交由有资质单位进行处理。

　　b）经鉴别属于一般固体废物，应按 GB 18599 的要求处理。

4.6.3 回收过程中产生的废气和粉尘经处理后应符合 GB 9078、GB 13271、GB 16297 的要求。

4.6.4 回收处理企业厂界噪声应符合 GB 12348 的要求。

4.6.5 回收处理作业区应设置在配备通风管道、排气、吸尘和贮存装置的厂房内。

4.6.6 处理设备和容器应具有安全防护措施。

5 鉴别分类

　　废旧锂离子电池根据后续除锂以外的其他元素的回收工艺中对杂质含量的要求，可按需求选择是否进行分类。

6 放电

6.1 废旧锂离子电池应进行放电处理，放电至安全电压以下。

6.2 放电方式要求安全、环保。

6.3 放电方式一般有物理放电和化学放电两种方式。物理放电主要是通过外接负载放电，即通过电池与电阻相连，利用放热过程以消耗电池的电量。化学放电是利用电池的正负极，在溶液中通过电解过程来消耗电池中残余的电量。

7 破碎分选

7.1 通过破碎电池和分离混合物质，获得正负极混合料。破碎、分选过程应符合 YS/T 1174 的要求。

7.2 在整个处理过程中要求安全、环保、过程可控。

7.3 破碎、分选装置内部应保持密闭和负压，将挥发的电解液及其分解后的副产物进行废气处理，如吸收至碱液喷淋塔和活性炭吸附等装置中。

8 碱液洗涤

8.1 配置稀碱液，加入分选后的正负极混合料。调节正负极混合料和稀碱液之间的比例，使正负极混合料中的氟转移到溶液中。

8.2 除氟后的碱洗液应进行废水处理。

9 含锂溶液制备

9.1 采用无机酸（硫酸、盐酸等）配置稀酸溶液。酸量是根据不同电池材料特性以及碱液洗涤后正负极混合料中锂的含量，在保证锂的回收率的基础上，确定的最低酸量。酸的稀释倍数可根据对含锂溶液中锂浓度的要求进行调节。

9.2 将碱液洗涤后的正负极混合料与上述稀酸溶液混合，将其中的锂完全溶解至溶液中。

9.3 根据对含锂纯化液中锂浓度的要求，可将初步得到的含锂溶液返回含锂溶液制备的环节，进行锂的富集，以提高溶液中锂的溶度。

10 杂质离子去除

10.1 将含锂溶液中除锂以外的杂质离子去除。杂质离子去除后，杂质离子的含量应符合表1的要求。

10.2　杂质离子去除宜采用如下方式进行：在上述含锂溶液中加入氢氧化钠，进行除杂。根据不同金属的氢氧化物的沉淀 pH，采用分步调节体系 pH 的方式，将溶液中的除 Li^+ 以外的金属离子分步去除，得到含锂纯化液。杂质离子去除的参考顺序：铁、铝、铜、锌、钴、镍、锰、镁、钙。

10.3　当含锂纯化液中 Li^+ 的浓度为 25.67～28 g/L 时，各杂质含量（单位：mg/L）要求如表1。

表1　纯化液中，各杂质含量　　　　单位：mg/L

元素	指标
总铁	≤1
磷（以 P 计）	≤10
钾	≤10
钙	≤50
镁	≤5
钴	≤0.1
铝	≤1
铜	≤1
锌	≤0.1
镍	≤0.1
锰	≤0.5

附录 A
(规范性附录)
计算方法

A.1 锂的总回收率的计算:

锂的总回收率以 e_1 计, 按式 (A-1) 计算:

$$e_1 = \frac{(C_1 V_1)}{m_1} \times 100\% \qquad (A-1)$$

式中:

C_1——1 t 废旧锂离子电池经破碎分选、碱液洗涤、酸溶、纯化后的含锂纯化液中锂元素的浓度, 单位为 g/L;

V_1——1 t 废旧锂离子电池经破碎分选、碱液洗涤、酸溶、纯化后的含锂纯化液的体积, 单位为 L;

m_1——1 t 废旧锂离子电池中锂元素的质量, 单位为 g。

A.2 湿法工艺阶段, 锂的回收率的计算:

湿法工艺阶段, 锂的回收率以 e_2 计, 按式 (A-2) 计算:

$$e_2 = \frac{(C_2 V_2)}{m_1} \times 100\% \qquad (A-2)$$

式中:

C_2——1 t 正负极混合料经碱液洗涤、酸溶、纯化后的含锂纯化液中锂元素的浓度, 单位为 g/L;

V_2——1 t 正负极混合料经碱液洗涤、酸溶、纯化后的含锂纯化液的体积, 单位为 L;

m_2——1 t 正负极混合料中锂元素的质量, 单位为 g。

附录 B

（资料性附录）
检测方法

表 B-1　元素检测方法

序号	目标金属	测定方法标准名称	方法标准编号
1	铁	铁粉　铁含量的测定　重铬酸钾滴定法	GB/T 223.7
		镍化学分析方法　砷、镉、铅、锌、锑、铋、锡、钴、铜、锰、镁、硅、铝、铁量的测定　发射光谱法	GB/T 8647.10
		水质　铁、锰的测定　火焰原子吸收分光光度法	GB 11911
2	磷	磷酸铁锂化学分析方法　第 3 部分：磷量的测定　磷钼酸喹啉称量法	YS/T 1028.3
3	氯	化学试剂　氯化物测定通用方法	GB/T 9729
4	钾	水质　钾和钠的测定　火焰原子吸收分光光度法	GB 11904
		水中钾 - 40 的分析方法	GB 11338
5	钙	水质钙和镁的测定　原子吸收分光光度法	GB/T 11905
6	镁	水质钙和镁的测定　原子吸收分光光度法	GB/T 11905
7	铝	无机化工产品中铝测定的通用方法　铬天青 S 分光光度法	GB/T 23944
		化学试剂　铝测定通用方法	GB/T 9734
8	铜	稀土废渣、废水化学分析方法　第 4 部分：铜、锌、铅、铬、镉、钡、钴、锰、镍、钛量的测定　电感耦合等离子体原子发射光谱法	GB/T 34500
		水质　铜的测定　二乙基二硫代氨基甲酸钠分光光度法	HJ 485

续表

序号	目标金属	测定方法标准名称	方法标准编号
8	铜	水质 铜的测定 2,9-二甲基-1,10菲啰啉分光光度法	HJ 486
		铜及铜制品中铜含量的测定 快速电解ICP-AES补差法	SN/T 1863
9	锌	稀土废渣、废水化学分析方法 第4部分：铜、锌、铅、铬、镉、钡、钴、锰、镍、钛量的测定 电感耦合等离子体原子发射光谱法	GB/T 34500
		水质 铜、锌、铅、镉的测定 原子吸收分光光度法	GB/T 7475
10	镍	废弃化学品中镍的测定 第1部分：丁二酮肟分光光度法	HG/T 4551.1
		废弃化学品中镍的测定 第2部分：原子吸收分光光度法	HG/T 4551.2
		废弃化学品中镍的测定 第3部分：石墨炉原子吸收分光光度法	HG/T 4551.3
		废弃化学品中镍的测定 第4部分：电感耦合等离子体发射光谱法	HG/T 4551.4
		镍、钴、锰三元素氢氧化物化学分析方法 第2部分：镍量的测定 丁二酮肟重量法	YS/T 928.2
11	锰	镍、钴、锰三元素氢氧化物化学分析方法 第3部分：镍、钴、锰量的测定 电感耦合等离子体原子发射光谱法	YS/T 928.3
12	钴	水质 钴的测定 5-氯-2-(吡啶偶氮)-1,3-二氨基苯分光光度法	HJ 550
		镍、钴、锰三元素氢氧化物化学分析方法 第3部分：镍、钴、锰量的测定 电感耦合等离子体原子发射光谱法	YS/T 928.3
		氧化钴化学分析方法 第1部分：钴量的测定 电位滴定法	YS/T 710.1

附录 C
（规范性目录）
作业程序图

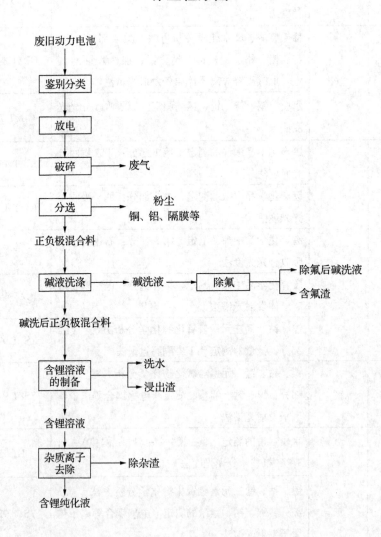

ICS 13.030.50
H 10

北京资源强制回收环保产业技术创新战略联盟
团体标准

T/ATCRR 03—2018

粗制钴镍溶液
Crude cobalt-nickel solution
（正式发布稿）

2018-05-10 发布　　　　　　　　　　2018-05-20 实施

北京资源强制回收环保产业技术创新战略联盟　发布

前　言

本标准按照 GB/T 1.1—2009 给出的规则起草。

本标准由北京资源强制回收环保产业技术创新战略联盟（ATCRR）归口。

本标准起草单位：衢州华友钴新材料有限公司、广东佳纳能源科技有限公司、池州西恩新材料科技有限公司、荆门市格林美新材料有限公司、赣州市豪鹏科技有限公司、深圳市泰力废旧电池回收技术有限公司、衢州华友资源再生科技有限公司。

本标准主要起草人：刘凤梅、胡雷、秦汝勇、赵志安、杨徐烽、李琴香、区汉成、张永祥、汪严超、包红伟。

本标准为首次发布。

粗制钴镍溶液

1 范围

本标准规定了粗制钴镍溶液产品的基本要求、技术要求、试验方法、检验规则、标签、贮存、运输和质量承诺。

本标准适用于利用废含钴催化剂采用湿法浸出工艺制取粗制钴镍溶液产品。

2 规范性引用文件

下列文件对于本文件的应用是必不可少的。凡是注日期的引用文件，仅所注日期的版本适用于本文件。凡是不注日期的引用文件，其最新版本（包括所有的修改单）适用于本文件。

GB/T 601 化学试剂 标准滴定溶液的制备

GB/T 602 化学试剂 杂质测定用标准溶液的制备

GB/T 603 化学试剂 试验方法中所用制剂及制品的制备

GB/T 8170 数值修约规则与极限数值的表示和判定

HG/T 3696.1—2011 无机化工产品 化学分析用标准溶液、制剂及制品的制备 第1部分：标准滴定溶液的制备

HG-T 3696.2—2011 无机化工产品 化学分析用标准溶液、制剂及制品的制备 第2部分：杂质标准溶液的制备

HG T 3696.3—2011 无机化工产品 化学分析用标准溶液、制剂及制品的制备 第3部分：制剂及制品的制备

3 基本要求

3.1 产品以废含钴催化剂为原料，以硫酸、过氧化氢（双氧水）为辅料，先后经过浸出、水解两个主要工序得到粗制钴镍溶液，生产过程中采用自动化控制保证运行和产品质量的稳定性。

3.2 生产过程中采用了浸出设备、过滤设备等湿法冶金设备，生产效率高；浸出后固体洗涤用水采用其他工段的蒸汽冷凝水、回用水，减少新水的使用量；废气、废水分别经过吸收塔、沉钴镍措施确保排放合格；从而使整个生产工序达到节能减排、清洁生产的目的。

4 技术要求

4.1 外观：红绿色液体

4.2 化学成分，见表1

表1 粗制钴镍溶液化学成分

项目	指标
钴 Co（g/L）	8~12
镍 Ni（g/L）	8~12
铁 Fe（g/L）	≤0.20
铋 Bi（g/L）	≤0.50
钼 Mo（g/L）	≤0.20
硅 Si（g/L）	≤0.50
锰 Mn（g/L）	≤0.50

5 试验方法

5.1 警告

本试验方法中使用的部分试剂具有腐蚀性，操作时须小心谨慎！必要时，需在通风橱中进行。如溅到皮肤上应立即用水冲洗，严重者应立即就医。

5.2 一般规定

本标准所用的试剂和水，在没有注明其他要求时，均指分析纯试剂和蒸馏水或 GB/T 6682—2008 中规定的三级水。试验中所用的标准滴定溶液、杂质标准溶液、制剂和制品，在没有注明其他规定时，均按 HG/T 3696.1、HG/T 3696.2 和 HG/T 3696.3 的规定制备。

5.3　外观判别

在自然光下，于白色衬底的表面皿或白瓷板上用目视法判定外观。

5.4　钴含量的测定

5.4.1　方法提要

在氨性溶液中，用铁氰化钾将 Co（Ⅱ）氧化为 Co（Ⅲ），过量的铁氰化钾以 Co（Ⅱ）标准滴定溶液返滴定。

$$Co^{2+} + [Fe(CN)_6]^{3-} \rightarrow Co^{3+} + [Fe(CN)_6]^{4-}$$

5.4.2　试剂

5.4.2.1　氯化铵。

5.4.2.2　硝酸（$\rho = 1.42$ g/mL）。

5.4.2.3　氨水 – 柠檬酸铵混合溶液：称取 50 g 柠檬酸铵于水中，加入 350 mL 氨水（$\rho = 0.88$ g/mL），用水稀释至 1000 mL，混匀。

5.4.2.4　钴标准滴定溶液（0.003 g/mL）：称取 3.000 g 金属钴（钴质量分数≥99.98%），精确至 0.0002 g，置于 400 mL 烧杯中，加少量水覆盖，缓缓加入 15 mL 硝酸，待激烈反应停止后，加热溶解，加约 30 mL 水煮沸，冷却后，移入 1000 mL 容量瓶中，用水稀释至刻度，混匀。

5.4.2.5　铁氰化钾标准溶液（约 0.05 mol/L）：称取约 17 g 铁氰化钾溶解于水中，干过滤，用水稀释至 1000 mL，混匀。

5.4.3　仪器

5.4.3.1　ZD-2 自动电位滴定仪，附搅拌装置。

5.4.3.2　916Ti-Touch 自动电位滴定仪，附搅拌装置。

5.4.3.3　与仪器匹配的氧化还原复合电极，或铂电极/钨电极等其他电极组合。

5.4.4　分析步骤

5.4.4.1　试料

量取 120 mL 试样，移入 200 mL 容量瓶中，用水稀释至刻度，混匀。

5.4.4.2　测定

5.4.4.2.1　铁氰化钾标准溶液的标定

用滴定管准确移取 20.00 mL 铁氰化钾标准溶液（5.4.2.5）并记录

（V₄），置于250 mL烧杯中，加入5 g氯化铵（5.4.2.1），加入80 mL氨水－柠檬酸铵混合液（5.4.2.3），在自动电位滴定仪上，插入电极，在搅拌下，用钴标准滴定溶液滴定至电位突跃终点（约初始电位值减去220 mV）。记录消耗钴标准滴定溶液的毫升数（V₃）及 K 值。

5.4.4.2.2　试料的测定

用滴定管准确移取 20.00 mL 的铁氰化钾标准溶液（5.4.2.5）并记录（V₁），置于250 mL烧杯中，加入5 g氯化铵，加入80 mL氨水－柠檬酸铵混合液（5.4.2.3），用移液管准确移取20.00 mL待测试料于烧杯中，以少量水吹洗杯壁，充分反应。在自动电位滴定仪上，插入电极，在搅拌下，用钴标准滴定溶液返滴定过量的铁氰化钾，滴定至电位突跃终点。滴定结束，仪器显示消耗钴标准滴定溶液的毫升数（V₂）及样品中钴的含量。

5.4.5　分析结果的计算

铁氰化钾标准溶液对钴标准滴定溶液的滴定系数（K）按式（1）计算：

$$K = \frac{V_3}{V_4} \tag{1}$$

钴的质量浓度 $\rho_{钴}$ 按式（2）计算，单位为克/升（g/L）：

$$\rho_{钴} = \frac{(V_1 \times K - V_2) \times 0.003 \times 稀释比例}{120} \times 10^3 \tag{2}$$

式中：

V₁——试料测定时准确移取铁氰化钾标准溶液的体积，单位为毫升（mL）；

V₂——试料测定返滴定时消耗钴标准滴定溶液的体积，单位为毫升（mL）；

V₃——标定时消耗钴标准滴定溶液的体积，单位为毫升（mL）；

V₄——标定时移取铁氰化钾标准溶液的体积，单位为毫升（mL）；

K——滴定系数，单位体积的铁氰化钾标准溶液消耗钴标准滴定溶液的体积数。

5.4.6 重复性

取平行测定结果的算术平均值为测定结果,两次平行测定结果的绝对差值不大于0.2%。

5.5 镍含量的测定

5.5.1 方法提要

在硝酸介质中,用空气-乙炔火焰于原子吸收分光光度计相应波长处进行原子吸收分光光度法测定镍含量。

在标准系列溶液中,应含有与试样溶液相同浓度的钴镍溶液基体。

5.5.2 试剂

5.5.2.1 硝酸(1+1)。

5.5.2.2 硫酸钴。

5.5.2.3 三氯化铁溶液(50 g/L)。

5.5.2.4 镍标准贮存溶液:称取1.000 g金属镍(镍质量分数≥99.99%)于200 mL烧杯中,加入40 mL硝酸,溶解完全后,移入1000 mL容量瓶中,用水稀至刻度,混匀。此溶液1 mL含1000 μg镍。

5.5.2.5 镍标准溶液:移取5.00 mL镍标准贮存溶液于250 mL容量瓶中,加入2 mL硝酸,用水稀释至刻度,混匀。此溶液1 mL含20 μg镍。

5.5.3 仪器

原子吸收分光光度计,附镍空心阴极灯。

5.5.4 分析步骤

5.5.4.1 空白试验

随同试样进行空白试验。

5.5.4.2 试料

量取约30 mL溶液,移入50 mL比色管中,用水稀释至刻度(V),混匀。

5.5.4.3 测定

使用空气-乙炔火焰,于原子吸收分光光度计上,按仪器工作条件与标准系列溶液同时以水调零,测量试液的吸光度,减去试剂空白的吸光度,从相应工作曲线上查得该元素的浓度($\rho_{镍}$)。

5.5.4.4　镍标准系列溶液的配制

称取 5.000 g 硫酸钴五份于一组烧杯中，用少量水溶解，各加入 4 mL 硝酸（5.5.2.1），分别加入 0.00 mL、1.00 mL、2.00 mL、3.00 mL、4.00 mL 镍标准溶液（5.5.2.5），加 2 滴三氯化铁溶液（5.5.2.3），分别移入 100 mL 容量瓶中，用水稀释至刻度，混匀。

5.5.4.5　工作曲线的绘制

在与试样测定相同条件下，测量标准系列溶液的吸光度，减去零浓度溶液的吸光度，以被测元素浓度为横坐标，吸光度为纵坐标，绘制工作曲线。

5.5.5　分析结果的计算

按式（3）计算相应元素的质量浓度 $\rho_{镍}$，单位为克/升（g/L）：

$$\rho_{镍} = \frac{\rho \times V \times 10^{-6}}{30 \times 10^{3}} \tag{3}$$

式中：

ρ——自相应工作曲线上查得的该元素浓度，单位为微克每毫升（μg/mL）；

V——试液的体积，单位为毫升（mL）。

所得结果表示两位有效数字。

5.5.6　重复性

取平行测定结果的算术平均值为测定结果，两次平行测定结果的绝对差值不大于 0.2%。

5.6　铁、铋、钼、硅、锰含量的测定

5.6.1　方法提要

按仪器优化后的工作条件及分析谱线，采用单点多元素混合标准溶液，用电感耦合等离子体发射光谱仪测定样品中铁、铋、钼、硅、锰量，各元素的推荐分析谱线波长见表2。

表2 各元素参考波长

元素名称	波长/nm
Fe	259.9
Bi	306.77
Mo	202.03
Si	288.1
Mn	257.6

5.6.2 试剂

5.6.2.1 0.5 mg/L 混合标准溶液。

5.6.2.2 2.0 mg/L 混合标准溶液。

5.6.3 仪器

电感耦合等离子体发射光谱仪。

5.6.4 分析步骤

5.6.4.1 空白试验

随同试料做空白试验。

5.6.4.2 试料

移取 5.00 mL 试液，定容于 50 mL 比色管中，用水稀释至刻度，混匀。

5.6.4.3 测定

当仪器运行稳定后，应用仪器操作分析软件，按仪器优化的工作条件及优化的分析谱线波长，按选定方法，选用对应的标准溶液进行标准化，测试待测试液。

5.6.5 分析结果的计算

仪器根据标准化及设定的参数，自动进行数据处理，计算并输出各测定元素的含量。

5.6.6 重复性

取平行测定结果的算术平均值为测定结果，两次平行测定结果的绝对差值不大于 0.0002%。

6 检验规则

6.1 检验类别

本产品检验分为型式检验和出厂检验。

6.2 检验项目

本标准规定的表观质量、化学和物理指标检验类别，如表3。

表3 检验项目表

序号	项目类别	项目内容	判定依据	型式检验	出厂检验
1	一般	外观	4.1 外观	√	√
2	主要	化学成分	4.2 化学成分	√	√
3	一般	pH	4.2 化学成分	√	

6.3 型式检验

6.3.1 有下列情况之一时进行型式检验：

a）正式生产后，当原辅料、工艺等有较大改变而可能影响产品性能时；

b）产品长期停产后，恢复生产时；

c）出厂检验结果与上次型式检验有较大差别时；

d）国家质量监督机构提出进行型式检验要求时；

e）用户提出进行型式检验的要求时。

6.3.2 判定规则

如表1规定项目的检验结果中有一项不合格，应重新抽样复检；如仍不合格，则应判定该产品为不合格。

6.4 出厂检验

6.4.1 本标准规定的外观质量、化学成分同为出厂检验项目。

6.4.2 产品成批提交检验，每批产品应由同一生产工艺、同一生产周期生产的产品组成，每批产品不超过 60 m³。

6.4.3 化学成分检验结果如有一项指标不符合本标准要求时，应重新加倍抽样复检，复检结果即使只有一项指标不符合本标准的要求时，则该批产品判为不合格品；表观质量不符合本标准时，判该批产品不合格。

6.4.4 产品应由供方进行检验，保证所有出厂产品均符合本标准的要求，并附有产品质量证明书。

6.4.5 采用 GB/T 8170 规定的修约值比较法判定检验结果是否符合本标准。

7 标签

每批出厂的粗制钴镍溶液都应附有质量证明书。内容包括：生产厂名、地址、产品名称、类别、净含量、批号或生产日期、产品质量符合本标准的证明和标准编号。

8 贮存、运输

8.1 本产品在检验合格后，存于贮槽中，贮槽单独使用，不得与有毒有害物品混用。

8.2 本产品采用槽车运输，不得与有毒有害物品混运。

9 质量承诺

粗制钴镍溶液在符合本标准规定的贮存和运输的条件下，产品有效保质期为1年。如因供应商问题造成产品的技术要求出现异常的，供应商应无偿为客户更换产品。

ICS 13.030.50
H 60

北京资源强制回收环保产业技术创新战略联盟
团体标准

T/ATCRR 04—2018

粗制硫酸镍溶液
Crude nickel sulfate solution

（正式发布稿）

2018-05-10 发布   2018-05-20 实施

北京资源强制回收环保产业技术创新战略联盟　发布

前　言

本标准按照 GB/T 1.1—2009 给出的规则起草。

本标准由北京资源强制回收环保产业技术创新战略联盟 （ATCRR）归口。

本标准起草单位：衢州华友钴新材料有限公司、广东佳纳能源科技有限公司、池州西恩新材料科技有限公司、荆门市格林美新材料有限公司、赣州市豪鹏科技有限公司、深圳市泰力废旧电池回收技术有限公司、衢州华友资源再生科技有限公司。

本标准主要起草人：徐伟、刘永东、陈建兵、赵志安、杨徐烽、李琴香、区汉成、张永祥、郭泗冉、陈婉茹。

本标准为首次发布。

粗制硫酸镍溶液

1 范围

本标准规定了粗制硫酸镍溶液产品的基本要求、技术要求、试验方法、检验规则、标签、贮存、运输和质量承诺。

本标准适用于利用（废旧）锂动力电池采用湿法浸出工艺制取粗制硫酸镍溶液产品，该产品主要用于工业的原料、制备硫酸镍晶体及锂动力电池等。

2 规范性引用文件

下列文件对于本文件的应用是必不可少的。凡是注日期的引用文件，仅所注日期的版本适用于本文件。凡是不注日期的引用文件，其最新版本（包括所有的修改单）适用于本文件。

GB/T 601 化学试剂 标准滴定溶液的制备

GB/T 602 化学试剂 杂质测定用标准溶液的制备

GB/T 603 化学试剂 试验方法中所用制剂及制品的制备

GB/T 8170 数值修约规则与极限数值的表示和判定

GB/T 6682—2008 分析实验室用水国家标准

HG/T 3696.1—2011 无机化工产品 化学分析用标准溶液、制剂及制品的制备 第1部分：标准滴定溶液的制备

HG－T 3696.2—2011 无机化工产品 化学分析用标准溶液、制剂及制品的制备 第2部分：杂质标准溶液的制备

HG T 3696.3—2011 无机化工产品 化学分析用标准溶液、制剂及制品的制备 第3部分：制剂及制品的制备

3 基本要求

3.1 产品以（废旧）锂动力电池为原料，以硫酸、氧化剂为辅料，先

后经过溶解、过滤、除杂三个主要工序得到粗制硫酸镍溶液,生产过程中采用自动化控制保证运行和产品质量的稳定性。

3.2 生产过程中采用了浸出设备、压滤设备等湿法冶金设备,自动化程度和生产效率高;报废渣洗涤用水采用其他工段的蒸汽冷凝水、回用水,减少新水的使用量;废气、废水分别经过吸收塔、沉钴镍措施确保排放合格;从而使整个生产工序达到节能减排、清洁生产的目的。

4 技术要求

4.1 外观:蓝绿色液体

4.2 化学成分,见表1

表1 粗制硫酸镍溶液化学成分

项目	I 类	II 类
镍 Ni (g/L)	100 ~ 120	80 ~ 100
锌 Zn (g/L)	≤0.01	≤0.01
镉 Cd (g/L)	≤0.01	≤0.01
钙 Ca (g/L)	≤0.01	≤0.01
镁 Mg (g/L)	≤0.01	≤0.01
锰 Mn (g/L)	≤0.01	≤0.01
铜 Cu (g/L)	≤0.01	≤0.01
铝 Al (g/L)	≤0.02	≤0.02

5 试验方法

5.1 警告

本试验方法中使用的部分试剂具有腐蚀性,操作时须小心谨慎!必要时,需在通风橱中进行。如溅到皮肤上应立即用水冲洗,严重者应立即就医。

5.2 一般规定

本标准所用的试剂和水,在没有注明其他要求时,均指分析纯试剂和蒸馏水或 GB/T 6682—2008 中规定的三级水。试验中所用的标准滴定溶液、杂质标准溶液、制剂和制品，在没有注明其他规定时，均按 HG/T 3696.1、HG/T 3696.2 和 HG/T 3696.3 的规定制备。

5.3 外观判别

在自然光下，于白色衬底的表面皿或白瓷板上用目视法判定外观。

5.4 镍含量的测定 络合滴定法

5.4.1 方法提要

在氨性溶液中，用 EDTA 标准溶液滴定含镍溶液，以紫脲酸铵为指示剂，滴定至蓝紫色为终点，通过 EDTA 标准溶液消耗量来计算镍含量。

5.4.2 试剂

5.4.2.1 缓冲溶液（pH 为 10）：称取 54 g 氯化铵溶于水，加 15 mol/L 氨水 300 mL，稀释至 1 L。

5.4.2.2 三乙醇胺（1＋1）。

5.4.2.3 紫脲酸铵指示剂（1＋50）：1 g 紫脲酸铵指示剂与 50 g 氯化钠研细混匀。

5.4.2.4 EDTA 标准溶液（约 0.05 mol/L），按 GB/T 601 配制、标定。

5.4.3 仪器

常用玻璃仪器。

5.4.4 分析步骤

5.4.4.1 试料

移取 10.00 mL 液体硫酸镍溶液，于 200 mL 容量瓶中，用水定容，摇匀，移取 15.00 mL 溶液于锥形烧杯中待测（可根据情况多取或少取）。

5.4.4.2 测定

向待测液（5.4.4.1）中加入 10 mL 缓冲溶液（5.4.2.1），再加入适量紫脲酸铵（5.4.2.3）指示剂，然后用约 0.05 mol/L EDTA（5.4.2.4）标准溶液滴定至蓝紫色为终点，记录 EDTA 标准溶液消耗量。

5.4.5 分析结果的计算

按式（1）计算相应元素的质量浓度 $\rho_{镍}$，单位为克/升（g/L）：

$$\rho_{镍} = \frac{C_{EDTA} \times V_{EDTA} \times 58.69 \times 稀释倍数}{V_0} \qquad (1)$$

式中:

C_{EDTA}——EDTA 标准溶液浓度,mol/L;

V_{EDTA}——EDTA 标准溶液消耗量,mL;

V_0——移取硫酸镍的试样量,mL;

58.69——镍的相对分子质量。

5.4.6 重复性

取平行测定结果的算术平均值为测定结果,两次平行测定结果的绝对差值不大于 0.05%。

5.5 锌、镉、钙、镁、锰、铜、铝的测定

电感耦合等离子体发射光谱法

5.5.1 方法提要

按仪器优化后的工作条件及分析谱线,采用单点多元素混合标准溶液,用电感耦合等离子体发射光谱仪测定样品中锌、镉元素的推荐分析谱线波长,见表2。

表2 各元素参考波长

元素名称	波长/nm
Zn	206.2
Cd	214.4
Ca	317.9
Mg	285.2
Mn	257.6
Cu	324.7
Al	396.1

5.5.2 试剂

5.5.2.1 0.5 mg/L 混合标准溶液。

5.5.2.2 2.0 mg/L 混合标准溶液。

5.5.2.3 氩气:纯度应大于 99.9%。

5.5.3 仪器

电感耦合等离子体发射光谱仪。

5.5.4 分析步骤

5.5.4.1 空白试验

随同试料做空白试验。

5.5.4.2 试料

粗制硫酸镍溶液：移取 5.00 mL 试液，定容于 50 mL 比色管中，用水稀释至刻度，混匀。

5.5.4.3 测定

当仪器运行稳定后，应用仪器操作分析软件，按仪器优化的工作条件及优化的分析谱线波长，按选定方法，选用对应的标准溶液进行标准化，测试待测试液。

5.5.5 分析结果的计算

仪器根据标准化及设定的参数，自动进行数据处理，计算并输出各测定元素的含量。

5.5.6 重复性

取平行测定结果的算术平均值为测定结果，两次平行测定结果的绝对差值不大于 0.002% 。

6 检验规则

6.1 检验类别

本产品检验分为型式检验和出厂检验。

6.2 检验项目

本标准规定的表观质量、化学和物理指标检验类别，如表3。

表3 检验项目表

序号	项目类别	项目内容	判定依据	型式检验	出厂检验
1	一般	外观	4.1 外观	√	√
2	主要	化学成分	4.2 化学成分	√	√
3	一般	pH	4.2 化学成分	√	

6.3　型式检验

6.3.1　有下列情况之一时进行型式检验：

a）正式生产后，当原辅料、工艺等有较大改变而可能影响产品性能时；

b）产品长期停产后，恢复生产时；

c）出厂检验结果与上次型式检验有较大差别时；

d）国家质量监督机构提出进行型式检验要求时；

e）用户提出进行型式检验的要求时。

6.3.2　判定规则

如表1规定项目的检验结果中有一项不合格，应重新抽样复检；如仍不合格，则应判定该产品为不合格。

6.4　出厂检验

6.4.1　本标准规定的外观质量、化学成分同为出厂检验项目。

6.4.2　产品成批提交检验，每批产品应由同一生产工艺、同一生产周期生产的产品组成，每批产品不超过 $60\ m^3$。

6.4.3　化学成分检验结果如有一项指标不符合本标准要求时，应重新加倍抽样复检，复检结果即使只有一项指标不符合本标准的要求时，则该批产品判为不合格品；表观质量不符合本标准时，判该批产品不合格。

6.4.4　产品应由供方进行检验，保证所有出厂产品均符合本标准的要求，并附有产品质量证明书。

6.4.5　采用 GB/T 8170 规定的修约值比较法判定检验结果是否符合本标准。

7　标签

每批出厂的粗制硫酸镍溶液都应附有质量证明书。内容包括：生产厂名、地址、产品名称、类别、净含量、批号或生产日期、产品质量符合本标准的证明和标准编号。

8　贮存、运输

8.1　本产品在检验合格后，存于贮槽中，贮槽单独使用，不得与有毒有害物品混用。

8.2 本产品采用槽车运输，不得与有毒有害物品混运。

9 质量承诺

粗制硫酸镍溶液在符合本标准规定的贮存和运输的条件下，产品有效保质期为1年。如因供应商问题造成产品的技术要求出现异常的，供应商应无偿为客户更换产品。

ICS 13.030.50

H 10

北京资源强制回收环保产业技术创新战略联盟
团体标准

T/ATCRR 05—2018

工业钼酸

Industrial molybdate

（正式发布稿）

2018-05-10 发布　　　　　　　　　　　　　　　　2018-05-20 实施

北京资源强制回收环保产业技术创新战略联盟　发布

前　言

本标准按照 GB/T 1.1—2009 给出的规则起草。

本标准由北京资源强制回收环保产业技术创新战略联盟（ATCRR）归口。

本标准起草单位：衢州华友钴新材料有限公司、赣州市豪鹏科技有限公司、深圳市泰力废旧电池回收技术有限公司、衢州华友资源再生科技有限公司。

本标准主要起草人：曲冬雪、刘雄、区汉成、张永祥、乔东斌、邓永贵。

本标准为首次发布。

工业钼酸

1 范围

本标准规定了工业钼酸产品的基本要求、技术要求、试验方法、检验规则、标签、贮存、运输和质量承诺。

本标准适用于利用废含钴钼催化剂采用湿法浸出工艺制取工业钼酸产品。

2 规范性引用文件

下列文件对于本文件的应用是必不可少的。凡是注日期的引用文件，仅所注日期的版本适用于本文件。凡是不注日期的引用文件，其最新版本（包括所有的修改单）适用于本文件。

GB/T 601 化学试剂 标准滴定溶液的制备

GB/T 602 化学试剂 杂质测定用标准溶液的制备

GB/T 603 化学试剂 试验方法中所用制剂及制品的制备

GB/T 8170 数值修约规则与极限数值的表示和判定

YS/T 555.1—2009 钼精矿化学分析方法 钼量的测定 钼酸铅重量法

HG/T 3696.1—2011 无机化工产品 化学分析用标准溶液、制剂及制品的制备 第1部分：标准滴定溶液的制备

HG‐T 3696.2—2011 无机化工产品 化学分析用标准溶液、制剂及制品的制备 第2部分：杂质标准溶液的制备

HG T 3696.3—2011 无机化工产品 化学分析用标准溶液、制剂及制品的制备 第3部分：制剂及制品的制备

3 基本要求

3.1 产品以废钼催化剂为原料，以硫酸、过氧化氢（双氧水）、碳酸

钠、硝酸为辅料，先后经过浸出、碱浸、中和、过滤四个主要工序得到工业钼酸，生产过程中采用自动化控制保证运行和产品质量的稳定性。

3.2 生产过程中采用了浸出设备、压滤设备等湿法冶金设备，自动化程度和生产效率高；浸出后固体洗涤用水采用其他工段的蒸汽冷凝水、回用水，减少新水的使用量；废气、废水分别经过吸收塔、沉钴镍措施确保排放合格；从而使整个生产工序达到节能减排、清洁生产的目的。

4 技术要求

4.1 外观颜色：白色或黄色

4.2 外观状态：胶状或砂状

4.3 化学成分，见表1

表1 化学指标

项目	指标
钼 Mo（wt%）	50~60
钴 Co（wt%）	≤0.10
镍 Ni（wt%）	≤0.10
铋 Bi（wt%）	≤0.10
硅 Si（wt%）	≤0.10
锰 Mn（wt%）	≤0.10

5 试验方法

5.1 警告

本试验方法中使用的部分试剂具有腐蚀性，操作时须小心谨慎！必要时，需在通风橱中进行。如溅到皮肤上应立即用水冲洗，严重者应立即就医。

5.2 一般规定

本标准所用的试剂和水，在没有注明其他要求时，均指分析纯试剂和蒸馏水或 GB/T 6682—2008 中规定的三级水。试验中所用的标准滴定溶液、杂质标准溶液、制剂和制品，在没有注明其他规定时，均按 HG/T 3696.1、HG/T 3696.2 和 HG/T 3696.3 的规定制备。

5.3 外观判别

在自然光下，于白色衬底的表面皿或白瓷板上用目视法判定外观。

5.4 钼含量的测定

产品中钼含量的测定按 YS/T 555.1—2009 进行。

5.5 钴、镍、铋、硅、锰含量的测定

5.5.1 方法提要

按仪器优化后的工作条件及分析谱线，采用单点多元素混合标准溶液，用电感耦合等离子体发射光谱仪测定样品中铁、铋、钼、硅、锰量，各元素的推荐分析谱线波长见表2。

表2 各元素参考波长

元素名称	波长/nm
Co	228.6
Ni	216.5
Bi	306.77
Si	288.1
Mn	257.6

5.5.2 试剂

5.5.2.1 0.5 mg/L 混合标准溶液。

5.5.2.2 2.0 mg/L 混合标准溶液。

5.5.2.3 2.0 mg/L 硅标准溶液。

5.5.2.4 5.0 mg/L 硅标准溶液。

5.5.3 仪器

电感耦合等离子体发射光谱仪。

5.5.4 分析步骤

5.5.4.1 空白试验

随同试料做空白试验。

5.5.4.2 试料

称取约 1.00 g 试样（精确至 0.0001 g），超纯水溶解后，转移定容于 50 mL 比色管中，用水稀释至刻度，混匀。

5.5.4.3 测定

当仪器运行稳定后，应用仪器操作分析软件，按仪器优化的工作条件及优化的分析谱线波长，按选定方法，选用对应的标准溶液进行标准化，测试待测试液。

5.5.5 分析结果的计算

仪器根据标准化及设定的参数，自动进行数据处理，计算并输出各测定元素的含量。

5.5.6 重复性

取平行测定结果的算术平均值为测定结果，两次平行测定结果的绝对差值不大于 0.002%。

6 检验规则

6.1 检验类别

本产品检验分为型式检验和出厂检验。

6.2 检验项目

本标准规定的表观质量、化学和物理指标检验类别，如表3。

表3 检验项目表

序号	项目类别	项目内容	判定依据	型式检验	出厂检验
1	一般	外观	4.1 外观	√	√
2	主要	化学成分	4.2 化学成分	√	√
3	一般	pH	4.2 化学成分	√	

6.3 型式检验

6.3.1 有下列情况之一时进行型式检验：

a）正式生产后，当原辅料、工艺等有较大改变而可能影响产品性能时；

b）产品长期停产后，恢复生产时；

c）出厂检验结果与上次型式检验有较大差别时；

d）国家质量监督机构提出进行型式检验要求时；

e）用户提出进行型式检验的要求时。

6.3.2　判定规则

如表1规定项目的检验结果中有一项不合格，应重新抽样复检；如仍不合格，则应判定该产品为不合格。

6.4　出厂检验

6.4.1　本标准规定的外观质量、化学成分同为出厂检验项目。

6.4.2　产品成批提交检验，每批产品应由同一生产工艺、同一生产周期生产的产品组成，每批产品不超过45 t。

6.4.3　化学成分检验结果如有一项指标不符合本标准要求时，应重新加倍抽样复检，复检结果即使只有一项指标不符合本标准的要求时，则该批产品判为不合格品；表观质量不符合本标准时，判该批产品不合格。

6.4.4　产品应由供方进行检验，保证所有出厂产品均符合本标准的要求，并附有产品质量证明书。

6.4.5　采用GB/T 8170规定的修约值比较法判定检验结果是否符合本标准。

7　标签

每批出厂的工业钼酸产品都应附有质量证明书。内容包括：生产厂名、地址、产品名称、类别、净含量、批号或生产日期、产品质量符合本标准的证明和标准编号。

8　包装、贮存、运输

8.1　产品为胶状以塑料桶包装，每桶净重250 kg。当用户对包装材料有特殊要求时，供需双方协商解决，不得与有毒有害物品混用。

8.2　本钼酸运输时应密闭，装运容器应防腐、防氧化。

9 质量承诺

工业钼酸产品在符合本标准规定的贮存和运输的条件下，产品有效保质期为0.5年。如因供应商问题造成产品的技术要求出现异常的，供应商应无偿为客户更换产品。

———————————